普通高等院校土建类专业系列规划教材

工程地质实验

主　编　慕焕东　刘军定
主　审　李荣建

北京理工大学出版社
BEIJING INSTITUTE OF TECHNOLOGY PRESS

内容提要

本书是高等院校土木工程类相关专业工程地质及水文地质课程的基础实验教材，系统地阐述了矿物基本性质及鉴定、岩石基本性质及鉴定、地层岩性与地质构造、地质图件识读等内容。

本书可作为高等院校土木、地质、水利、交通等相关专业的教材，也可作为工程地质及水文地质领域相关工程技术和科研人员的参考用书。

版权专有　侵权必究

图书在版编目（CIP）数据

工程地质实验／慕焕东，刘军定主编.—北京：北京理工大学出版社，2017.4（2024.1重印）

ISBN 978-7-5682-3717-8

Ⅰ.①工…　Ⅱ.①慕…②刘…　Ⅲ.①工程地质–实验–高等学校–教材　Ⅳ.①P642-33

中国版本图书馆CIP数据核字(2017)第032735号

出版发行／北京理工大学出版社有限责任公司
社　　址／北京市海淀区中关村南大街5号
邮　　编／100081
电　　话／（010）68914775（总编室）
（010）82562903（教材售后服务热线）
（010）68948351（其他图书服务热线）
网　　址／http://www.bitpress.com.cn
经　　销／全国各地新华书店
印　　刷／北京紫瑞利印刷有限公司
开　　本／787毫米×1092毫米　1/16
印　　张／9.5
字　　数／201千字
版　　次／2017年4月第1版　2024年1月第2次印刷
定　　价／30.00元

责任编辑／陆世立
文案编辑／赵　轩
责任校对／周瑞红
责任印制／边心超

图书出现印装质量问题，请拨打售后服务热线，本社负责调换

前　言

本书是针对目前土木工程、城市地下空间工程、水文与水资源工程、水利水电工程、农业水利工程、给水排水工程等专业所学“工程地质A”“工程地质B”“工程地质及水文地质”“水文地质学”“城市工程地质与水文地质”“认识实习”“生产及地质实习”“工程地质实习”等课程而编制的配套实验教材，旨在培养学生对矿物岩石标本、地层岩性与地质构造、地质图件识读基础的认知能力，进而理解和巩固工程地质理论知识。工程地质实验是工程地质课程中重要的教学环节。

本书重点阐述了工程地质实验相关理论知识，主要包括常见矿物、岩石标本基本性质及鉴定方法；地层岩性及地质构造基础理论知识；室内地质图件识读、地层剖面图和柱状图绘制。教材编写以工程地质课程实验教学大纲为基础，以“问题—理论—方法—措施—实践”为主线，着眼于培养本科生及工程地质技术人员在工程地质实践认知方面的能力。本书编写时汲取了国内外有关工程地质基础理论与实践方法的现有研究成果。

本书由西安理工大学慕焕东、刘军定编写。其中，第1章、第2章、第3章（3.2节）由慕焕东编写，第3章（3.1节、3.3～3.5节）、第4章由刘军定编写。全书由慕焕东负责统稿。西安理工大学李荣建教授审阅全稿，并提出了很多宝贵意见，在此表示衷心的感谢。

由于编者水平有限，书中难免有不当之处，敬请读者批评指正。

编　者

目　录

第1章　矿物基本性质及鉴定

1.1　矿物的概念及成因

1.1.1　矿物的概念

矿物是在各种地质作用和物理化学条件下形成具有相对固定化学成分、物理性质及一定内部结构与外部形态的均质物体，如石墨(C)、金(Au)、石英(SiO_2)、方解石($CaCO_3$)、石膏($CaSO_4 \cdot 2H_2O$)，它是岩石的基本组成单位。从矿物的定义可知，每一种矿物均是由化学元素组成，且具有相对固定和均一的化学成分(表1-1)。

表1-1　矿物的化学成分类型及其基本特点

化学成分类型		特　征	举　例
单质		同种元素自相结合组成的矿物，称为单质矿物或称自然元素矿物	金刚石C、自然金Au、自然硫S等
化合物	简单化合物	由一种阳离子和一种阴离子结合而成的化合物	石盐NaCl、方铅矿PbS、赤铁矿Fe_2O_3等
化合物	络合物	由一种阳离子和一种络阴离子结合而成的化合物	方解石$CaCO_3$、硬石膏$CaSO_4$等
化合物	复化合物	由两种或两种以上的阳离子与同一种阴离子或络阴离子所组成的化合物	黄铜矿$CuFeS_2$、白云石$CaMg(CO_3)_2$等
化合物	类质同像引起成分可变的化合物	化合物成分不是固定的，而是在一定范围内以任一比例发生，在结晶格架中，性质相近的离子相互顶替	单离子电价等：Mg^{2+}、Fe^{2+}多种离子同时置换，总电价等
化合物	含水化合物	一般指含有H_2O和OH^-、H^+、H_3O^+离子化物，可分为吸附水和结合水	吸附水：蛋白石$SiO_2 \cdot H_2O$ 结构水：石膏$CaSO_4 \cdot 2H_2O$

1.1.2 矿物形成的主要地质作用

地球自形成以来，一直处于永恒的运动和变化之中。随着地球的演变，地壳内部结构、物质成分和表面形态不断发展变化。在地质学中，将这种由自然动力引起的物质组成、内部结构和形态不断变化及发展的作用，称之为地质作用。不同的地质作用将形成不同的地质作用产物，大到褶皱、断层等地质构造，小到岩石及矿物颗粒等。不同地质作用形成的矿物或同一地质作用在不同的阶段，在物质成分、形态及物理力学性质上会有差异。因此，矿物的成因对矿物形态及物理力学性质的鉴定具有重要理论意义。

矿物是地质作用的产物，即矿物是地壳中化学元素在各种地质作用过程中相互化合而成的天然产物，而地壳是由岩石组成的，岩石是由矿物组成的，矿物是由元素组成的。因此，研究矿物的成因必须与地质作用紧密联系，矿物的成因通常是按地质作用类型进行划分的，见表 1-2。

表 1-2 矿物形成地质作用类型及其基本特点

地质作用类型		形成条件	地质作用产物
内力地质作用	岩浆作用	岩浆冷却结晶而形成矿物的作用	熔点高的矿物、全晶质粒状集合体
	火山作用	岩浆作用的一种形式，为地下深处的岩浆沿地壳脆弱带上侵至地面或直接喷出地表，迅速冷凝的全过程	除斑晶外，结晶细小，呈隐晶质，如透长石、鳞石英
	伟晶作用	在高温高压条件下，地表以下较深部位形成伟晶岩及其有关矿物的作用，富含 SiO_2、K_2O、Na_2O 和挥发分(F、Cl、B、OH 等)及稀有、稀土和放射性元素	晶体粗大，如石英、长石、白云母、黄玉和电气石等
变质作用	热液作用	气水溶液一直到热水溶液所形成矿物的作用	硫化物、氧化物
	接触变质作用	岩浆入侵围岩而发生的地质作用	辉石、铁、铜等
	区域变质作用	区域构造运动而引发的变质作用	透闪石、阳起石
外生作用	物理风化作用	岩石受大气、水和生物等因素，在原地发生机械破碎，化学成分未改变	岩石碎屑
	化学风化作用	受 H_2O、O_2、CO_2 以及各种酸的影响，发生化学反应，使岩石破坏，产生新矿物	矿物
	生物风化作用	在动植物影响下引起物理、化学变化，如植物根系楔入岩石使岩石崩解，根系分泌酸性物质改变周围矿物	岩石碎屑、矿物
	沉积作用	河流、湖泊及海洋(侵蚀、沉积)作用	牛轭湖、沉积物等

1.1.3 矿物的形成方式和条件

1.1.3.1 矿物的形成方式

矿物是自然界中各种地质作用的产物。自然界的地质作用根据作用的性质和能量来源分为内生作用、外生作用和变质作用三种。内生作用的能量源自地球内部，如火山作用、岩浆作用。外生作用为太阳能、水、大气和生物所产生的作用(包括风化、沉积作用)。变质作用是指已形成的矿物在一定的温度、压力下发生改变的作用，如热液作用、接触变质作用、区域变质作用等。不同地质作用形成的矿物大多数以固态的形式出现，其形成的方式主要是结晶作用，少数是胶体凝聚作用。

1. 结晶作用

结晶作用是指物质在一定的物理化学条件下(温度、压力、组分浓度)转变为结晶质的作用，即形成晶体的作用。依据矿物形成时不同的地质作用类型，将矿物形成的结晶方式总结为三个方面，即气态变为固态、液态变为固态、固态变为固态。

(1)气态变为固态。岩浆作用或者火山作用喷出岩浆，岩浆中的某些气体在温度骤降或与空气中的 O_2、CO_2 发生反应形成固体矿物的过程。如火山喷出硫蒸汽或 H_2S 气体，前者因温度骤降可直接升华成自然硫，硫化氢气体可与大气中的 O_2 发生化学反应形成自然硫。我国台湾大屯火山群和龟山岛就有这种方式形成的自然硫。

(2)液态变为固态。液态转变为固态是矿物形成的主要方式，一般包含从溶液中蒸发结晶和从熔体中结晶两种方式。如我国青海柴达木盆地，一方面，由于盐湖水长期蒸发，使盐湖水不断浓缩而达到饱和，从中结晶出石盐等许多盐类矿物，就是溶液结晶形式。如组成岩浆岩的各种矿物都是由岩浆岩熔体在冷凝过程中结晶而成的，也是溶液结晶形式。另一方面，由于地壳下面的岩浆熔体是一种成分极其复杂的高温硅酸盐熔融体(其状态像炼钢炉中的钢水)，在岩浆上升过程中其温度不断降低，当温度低于某种矿物的熔点时就结晶形成熔体结构矿物。也就是说，只有当熔体冷却时才会结晶出矿物颗粒。岩浆中所有的组分，随着温度下降不断结晶形成一系列的矿物，一般熔点高的先结晶成矿物。

(3)固态变为固态。矿物由固态转变为固态主要表现为矿物中的非晶质体转变为晶质体。火山喷发出的熔岩流迅速冷却，来不及形成结晶态的矿物，经过长时间后，这些非晶质体可逐渐转变成各种结晶态的矿物。如酸性火山玻璃前期冷凝固结成非晶质的火山玻璃，经过漫长的地质年代，发生晶化转变为粒状石英或碱性长石。

2. 胶体凝聚作用

胶体是一种物质的微粒(粒径为 1～100 nm)分散在另一种物质之中所形成的不均匀的“细分散体系”，是一种多相物质组成的混合物。由胶体凝聚作用形成的矿物称为胶体矿物，而由胶体转变为隐晶质和显晶质的矿物为变胶体矿物。例如，河水能携带大量胶体，它们在出口处与海水相遇，由于海水中含有大量电解质，使河水中的胶体产生胶凝作用，形成胶体矿物，滨海地区的鲕状赤铁矿就是这样形成的。

1.1.3.2 矿物的形成条件

在各种地质作用中，均可以形成矿物，但均需达到一定的条件，如高温作用下或高压作用下等，一般来说，矿物的形成条件主要包括温度、压力、矿物各组分浓度、介质酸碱度和氧化还原电位等。

在各种地质作用中，形成矿物的各种物理化学条件可以有主次之分。例如，岩浆作用和伟晶作用中通常是温度和组分浓度占主导地位；而区域变质作用中通常是以温度和压力为主导地位；风化作用和沉积作用中通常是以介质酸碱度和氧化还原电位起主导作用。

1.2 矿物的形态

矿物的形态是指矿物的单晶体与规则连生体以及同种矿物集合体的形态。通俗地讲，矿物的单体形态是指矿物的单个晶体，而集合体则是同种矿物多个单体聚集在一起形成的整体形态。

自然界中的矿物均是晶质或非晶质。在矿物学中，晶体是指组成晶体的质点(原子、离子或分子)在三维空间内呈周期性重复排列的固体物质，即具有一定外形的几何多面体；反之，则为非晶体。完好的晶体表面称为晶面，晶体的形态称为晶形，矿物的晶体形态是矿物鉴定的主要依据之一。

1.2.1 矿物的单体形态

矿物单体形态的研究包括理想晶体形态、实际晶体形态和晶体习性三个方面。

(1)理想晶体形态是指矿物在理想条件下，晶体生长成某种规则的几何多面体形状，具有光滑的晶面、规则分明的晶棱。理想晶体形态可以分为两类：一类是同等大小的晶面构成的理想形态——单形；另一类是两种或两种以上形状和大小的晶面构成的理想形态——聚形。

(2)实际晶体形态是指晶体在生长过程中，由于受复杂外界条件的影响，常常不同程度地偏离其理想晶体的形态，形成歪晶，呈现出晶面不发育或缺失的特点。

(3)晶体习性是指在一定的条件下，矿物晶体趋向于按照自己内部结构的特点自发形成某些特定的形态，这一性质称为矿物的晶体习性(也称晶习)。矿物的晶体习性可以通过单晶在三维空间的延伸比例进行分类(表 1-3)。矿物的晶体习性是矿物形态鉴定的基础，因为同一种矿物在其形成过程中常以某一种晶体习性为主。矿物晶体形态示意图如图 1-1 所示。

表 1-3　矿物晶体习性分类表

矿物	形态	主要特征	举　例
单晶空间发育比例	一向延伸型	晶体沿某一个方向特别发育，呈柱状、针状或纤维状形态[图 1-1(a)]	电气石、绿柱石、水晶、角闪石、硅灰石、金红石和辉锑矿等
	两向延伸型	晶体沿两个方向上相对更为发育，呈板状、片状、鳞片状、叶片状等形态[图 1-1(b)]	石墨、辉钼矿、云母、高岭石和绿泥石等矿物常呈片状或鳞片状，长石族矿物常呈板状
	三向等长延伸型	晶体沿三维方向的发育基本相同，呈等轴状、粒状等形态[图 1-3(c)]	自然金、金刚石、黄铁矿、方铅矿、闪锌矿、磁铁矿、石榴子石、石盐、萤石、黄铜矿、磁黄铁矿、橄榄石、白榴石、菱镁矿、菱铁矿、白云石

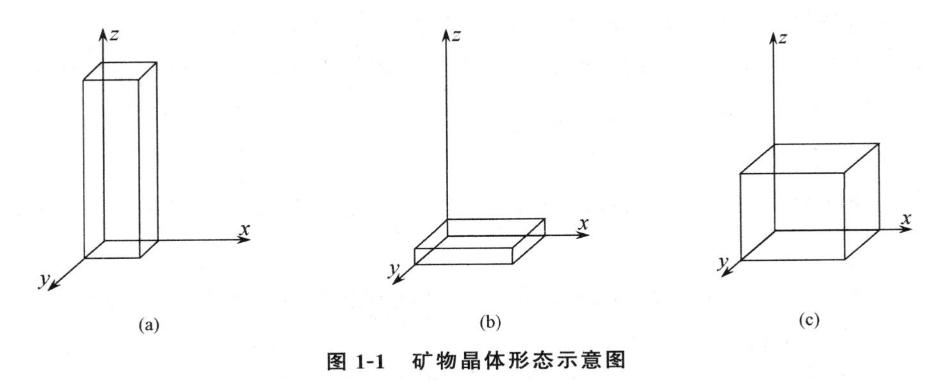

图 1-1　矿物晶体形态示意图

(a)一向延伸型；(b)两向延伸型；(c)三向等长延伸型

1.2.2　矿物的集合体形态

自然界能以完好单体形式产出的矿物比较稀少，一般在晶洞和裂隙中才能找到，绝大多数矿物都以集合体的形态出现。

矿物集合体是由许多个单体结晶矿物共同生长在一起的矿物组合，也可以是非晶质矿物的组合。当由单体结晶矿物组合而成时，常常可以分辨出每个矿物单体的形态。矿物的集合体形态取决于矿物的单体形态和它们的集合方式，根据集合体矿物中矿物颗粒的大小(肉眼或放大镜可以辨别的颗粒直径大小)可分为三种类型，即肉眼可以辨认出单体的，称为显晶集合体；显微镜下才能辨认出单体的，称为隐晶集合体；在显微镜下难以辨认出单体的，称为胶态集合体。

1.2.2.1　显晶集合体

1. 规则集合体

规则集合体是指矿物的晶体按照一定的规律连接在一起而形成的集合体。最常见的为双晶。双晶是指两个或两个以上的同种晶体的规则连接体，两个单体间互为镜像反映。

2. 不规则集合体

自然界中多数矿物以不规则集合体形态产出，其矿物的单体形态在集合体形态中常具有不同的晶体习性，可分为以下显晶质集合体形态：

(1)柱状集合体：个体呈一向延伸，均由柱状矿物组成，集合方式不规则，如辉锑矿、角闪石、符山石等。

(2)针状集合体：个体呈一向延伸，如针赤铜矿、针钠钙石等。

(3)纤维状集合体：一系列呈细长针状或纤维状的矿物单体，延伸方向相互平行密集排列组合而形成的极细的集合体，如角闪石、蛇纹石、石棉、纤维状石膏等。

(4)鳞片状集合体：由鳞片状矿物组成，如石墨、鳞云母等。

(5)片状集合体：由片状矿物组成，如云母、辉钼矿、镜铁矿等。

(6)板状集合体：由板状矿物组成，如板状石膏、重晶石、钠长石等。

(7)粒状集合体：个体呈三向等长延伸，由粒状矿物组成，如橄榄石、石榴子石等。按照粒状集合体的颗粒大小，可将集合体划分为粗粒集合体(粒径＞5 mm)、中粒集合体(粒径为 1～5 mm)和细粒集合体(粒径＜1 mm)。

(8)致密块状集合体：用肉眼或放大镜不能辨别其颗粒界线，颗粒致密，如黄铜矿、石髓等。

(9)土块状集合体：用肉眼或放大镜不能辨别其颗粒界线，颗粒致密细腻且块体光泽，一般为土状光泽，如高岭土。

(10)肉冻块状集合体：一般为水胶凝体矿物所呈现的特征，如蛋白石。

(11)粉末状集合体：矿物呈粉末状分散在其他矿物或岩石的表面。

(12)薄膜状集合体：矿物呈薄膜状覆盖在其他矿物或岩石的表面。

除常见矿物的晶体生长习性以外，不同的单体排列组合形式会呈现出不同的集合体形态，其分类如下：

(1)放射状集合体：个体呈针状、长柱状，以矿物的某一个点为中心会聚，逐渐向外部呈现发散状，如红柱石放射柱状集合体、钠沸石放射针状集合体。

(2)晶簇：在岩石的空洞和裂隙中，以洞壁和裂隙壁作为共同基底而生长的单晶体群所组成的集合体，如石英晶簇、方解石晶簇、辉锑矿晶簇。

(3)晶腺：充填于岩石的空洞中，具有同心层状构造，大小一般为 2.5～30 cm 或更大，外形近似于球状的矿物集合体，如带状玛瑙。

(4)杏仁体：充填于火山喷出岩气孔中的次生矿物(方解石、沸石、石髓等)所构成，呈杏仁状的白色扁球形矿物集合体，如方解石杏仁体。

1.2.2.2 隐晶及胶态集合体

隐晶及胶态集合体是由溶液直接结晶或由胶体沉积生成。由于无法辨别其单体形态，因此，常按照其形成方式及集合体外观形态分类，具体分类如下：

(1)鲕状和豆状集合体：由胶体物质围绕悬浮态的细砂粒、矿物或有机质碎屑及气泡等层层凝聚而成的圆球状或卵圆状的矿物集合体，具有明显的同心层构造，如鲕状和豆状赤铁矿、鲕状灰岩、豆状铝土矿。

(2)钟乳状集合体：岩洞或裂隙中，由溶液蒸发或胶体凝聚在同一基底上向外逐层堆积形成的集合体的统称。一般由同一基地向外逐层立体生长而成的呈圆锥形，其个体内部具有同心层状或者放射状构造，如石灰岩溶洞中的钟乳状方解石。

(3)葡萄状或肾状集合体：外形似葡萄状的，称为葡萄状集合体，如硬锰矿；若外形呈现较大的半椭球体，则称为肾状集合体，如肾状赤铁矿。

(4)结核体：围绕某一核心(砂粒、碎片)生长而成的球状、凸镜状或瘤状的矿物集合体，其内部具有同心层状或放射状构造，在海相、湖相、沼相沉积岩中比较常见，有球状、瘤状、透镜状和不规则状等多种形态。外生成因的如钙质结核、黄铁矿、磷灰石、方解石、白铁矿、赤铁矿、菱铁矿、褐铁矿等可形成结核。

(5)变胶体：岩石中不规则或球形的空洞被胶体等物质逐层由外向内充填而成，常呈同心层构造，其平均直径大于 1 cm 者叫作晶腺，小于 1 cm 的叫作杏仁体，例如，玛瑙是 SiO_2 胶体物质在晶腺中周期性扩散所形成的环带。

1.3 矿物的光学性质

矿物的光学性质是指矿物晶体受到自然光照射而发生反射、折射和吸收所表现出来的各种特性。一般包括颜色、光泽、条痕色、透明度、发光性、双折射，这里重点讨论颜色、光泽、条痕色和透明度四种常见的光学性质。

1.3.1 矿物的颜色

矿物的颜色是矿物对光线中不同波长的光吸收反射的结果。矿物的颜色与其成分、内部结构及所含杂质有关，其主要取决于矿物组成中元素和化合物的色素离子，如 Cu^{2+} 离子为绿色，Ca^{2+} 为白色，Fe^{2+} 、Mn^{2+} 为灰色、红色等。因此，依据矿物颜色的成因及其中不同色素离子的含量可将矿物划分为不同的类型，矿物的颜色是最明显、最容易识别的标志。

1. 矿物颜色的分类

在矿物学的描述中，矿物的颜色分为自色、他色和假色(表 1-4)。

表 1-4　矿物颜色分类表

颜色类别	类别及特征
自色	矿物本身固有化学成分和晶体结构决定的对自然光选择性吸收、折射和反射而表现出来的颜色，是光波与晶格中的电子相互作用的结果。矿物自色通常比较固定，是矿物鉴定的首选标志。如孔雀石具翡翠色、赤铁矿具樱红色、黄铜矿具铜黄色、方铅矿具铅灰色等
他色	矿物因含外来的带色杂质所形成的颜色，它与矿物本身的成分和结构无关。如纯净的石英为无色透明，混入杂质后呈现紫色(紫水晶)、玫瑰色(玫瑰水晶)、烟灰色(烟水晶)等
假色	自然光照射到矿物表面或内部，受到某种物理界面(氧化膜、裂隙、包裹体等)的作用而发生干涉、衍射、散射等所产生的颜色。假色是一种物理光学效应，只对少数矿物有辅助鉴定意义

2. 颜色描述及命名

自然界的白色光由红、橙、黄、绿、蓝、靛、紫等七种不同波长的色光混合而成的，各种波长的色光具有不同的能量。当光照射矿物时，矿物会产生吸收、折射、反射而呈现出不同颜色(图 1-2)。

若矿物对各种波长的色光普遍而均匀地吸收，则随着吸收程度不同而呈现出黑色、灰色及白色；若选择性地吸收，则呈现出彩色。一般肉眼所观察的矿物颜色，主要是反射光形成的表面色与矿物自身的体色的混合色。

图 1-2　不同色光之间的互补关系

矿物的颜色命名通常包括单色命名法(标准色谱法)、复合命名法(双名法)、双色法、类比法及形容词修饰法。

(1)单色命名法(标准色谱法)：是利用标准色谱红、橙、黄、绿、蓝、靛、紫及黑、灰、白等颜色来描述，如黄色、黑色、灰色等。也可以参照常见矿物的典型颜色来作为基准色，如白色——斜长石、无色透明——石英晶体、紫色——紫色水晶等。

(2)复合命名法(双名法)：当矿物的颜色介于两种颜色之间时，采用复合命名法(双名法)。双名法书写时次要色调放在前面，主要色调放在后面，如黄绿色是表示以绿色为主，带有黄色色调，灰黄色则是以黄色为主，带有灰色色调。

(3)类比法：类比法是以生活中最常见的实物颜色来描述矿物的颜色，如橘红色(雄黄)、草绿色(绿帘石)、砖红色(正长石)、铁黑色(磁铁矿)、钢灰色(镜铁矿、辉铜矿)、铅灰色(方铅矿)、锡白色(毒砂)、银白色(自然银)、铜红色(自然铜)、铜黄色(黄铜矿)、浅铜黄色(黄铁矿)、古铜色(斑铜矿)、金黄色(自然金)。

(4)形容词修饰法：区别同种颜色色调的深浅，可在颜色前加深、浅、暗、淡等形容词，如浅黄色、暗绿色、深褐色、淡蓝色等。

矿物颜色的描述的是鉴定不同矿物的主要依据之一，在观察和描述矿物时，一定要以矿物单晶体新鲜面的颜色为基准，对于隐晶质和全晶质，应以纯净集合体新鲜面的颜色为基准。

1.3.2 矿物的条痕色

矿物的条痕色是矿物在比自己更加坚硬的物体表面刻划时留下的划痕颜色，实际上是矿物粉末的颜色。矿物的条痕色可以消除矿物的假色，减弱他色影响，因此，比矿物的颜色描述更稳定，也是鉴定矿物的重要标志之一。

一般鉴定矿物的条痕色时，将矿物在白色素烧陶瓷板上刻划即可获得，当不能直接刻划出颜色时，可刮下矿物粉末放在白色素烧陶瓷板进行鉴定。

矿物的条痕色大部分与矿物自身的颜色基本一致，如斜长石的颜色为白色，条痕色也为白色，但有部分矿物例外，如方铅矿的颜色是铅灰色，而条痕色为黑色。一般情况下，透明矿物的条痕色都是浅灰色或者白色，但对于不透明矿物，其条痕可以呈现出不同的色调，因而具有极其重要的鉴定意义。

测定矿物的条痕色时应注意以下几个方面：

(1)测定矿物所用的白色素烧陶瓷板硬度为6～7度，硬度大于条痕板的矿物一般没有条痕色，只有硬度小于条痕板的矿物才有条痕色。

(2)刻划条痕板时，要采用矿物的新鲜面来刻划。

(3)当一个标本上有几种矿物共存时，要注意选取鉴定矿物来进行刻划。

(4)条痕色的描述方法与颜色的描述方法相一致。

(5)条痕的刻划要在干净的白色素烧陶瓷板上进行，刻划时切勿用力过猛，而是慢速刻划，留下清晰条痕即可。

1.3.3 矿物的光泽

光泽是指矿物晶体表面(晶面或平滑断面)反射光线强弱的性能，它常与矿物的成分和表面性质有关。矿物的光泽是由其化学组成及晶格类型决定的。习惯上，按矿物表面的反光程度分为金属光泽和非金属光泽两大类，介于两者之间的称为半金属光泽。

1. 金属光泽

金属矿物因具有金属键和金属晶格，从而表现出很高的反射率及很强的光泽，类似于鲜亮的金属磨光面的光泽，如方铅矿、黄铜矿、黄铁矿、自然金等。

2. 非金属光泽

非金属光泽主要包括金刚光泽、玻璃光泽、油脂光泽、珍珠光泽、丝绢光泽、土状光泽。

(1)金刚光泽：非金属光泽中最强的一种，类似太阳光照在宝石上产生的光泽，如金刚石、闪锌矿等。

(2)玻璃光泽：非金属光泽中最常见的一种，矿物反射光能力相对较弱，类似于平板玻璃的光泽，如石英、方解石晶面。

(3)油脂光泽：解理不发育的透明、半透明矿物在不平坦的断面上散射成类似动物油脂的光泽，如石英、石榴石、磷灰石等断口上的光泽。

(4)珍珠光泽：解理发育的浅色透明晶体在其平整光滑的解理面上所呈现出类似蚌壳内壁一样柔和而多彩或似珍珠闪烁的光泽，多是平行排列片状矿物的光泽，如黑云母、白云母、方解石解理面上的光泽。

(5)丝绢光泽：纤维状矿物集合体表面所呈现的丝绸状反光，如石棉、纤维状石膏。

(6)土状光泽：粉末状或土状矿物表面呈现细小颗粒，光洁程度差且反光弱，如隐晶质高岭石集合体表面、隐晶质褐铁矿集合体表面等。

3. 半金属光泽

矿物反射光较强，对光的反射相对暗淡，类似于粗糙金属表面的光泽，如赤铁矿、磁铁矿、铁闪锌矿、黑钨矿等。

测定矿物的光泽时应注意以下几个方面：

(1)观察矿物的光泽时，要反复转动标本，观察各个新鲜面的反光程度。

(2)注意观察某一个矿物发光最强的小平面(晶面或解理面)而非测定矿物整体的反光程度。

(3)注意观察矿物表面特征与矿物光泽的关系，如矿物的表面是否平整、整洁等。

1.3.4 矿物的透明度

矿物晶体透过可见光的能力称为透明度。矿物的透明度与光泽是互补的两种属性，即透明度大的矿物光泽弱，透明度小的矿物光泽强。在矿物学中，一般以 1 cm 厚度纯净单晶体的透光程度为基准，将透明度划分为三种类型(表 1-5)。

表 1-5 矿物透明度分类表

分类	特征	常见矿物
透明	允许绝大部分光透过，矿物条痕常为无色或白色，玻璃光泽	石英、方解石、角闪石
半透明	允许部分光透过，矿物条痕呈红、褐等各种彩色，金刚或半金属光泽	辰砂、雄黄、黑钨矿
不透明	基本不允许光透过，矿物具黑色或金属色条痕，金属光泽	方铅矿、磁铁矿、石墨

1.4 矿物的力学性质

矿物的力学性质是指矿物晶体在外力作用下表现出来的各种物理性质，主要包括矿物的硬度、解理、断口、相对密度、弹性、挠性、脆性、延展性、可塑性。本节主要介绍矿物的硬度、解理与断口。

1.4.1 矿物的硬度

矿物的硬度是指矿物抵抗外来机械力作用(刻划、压入、研磨等)的能力。一般通过两种矿物相互刻划比较而得出其相对硬度。通常以摩氏硬度计为标准，它是以十种矿物的硬度表示十个相对硬度的等级(表1-6)。

表1-6 摩氏硬度等级表

标准矿物	滑石	石膏	方解石	萤石	磷灰石	长石	石英	黄玉	刚玉	金刚石
硬度等级	1	2	3	4	5	6	7	8	9	10

在实际工作中，摩氏硬度计操作携带不方便。因此，常以与摩氏硬度相当的用品来测定其硬度，如指甲为2.5、回形针为3.5、小刀为5.5、玻璃为6。依据常见的用品硬度，一般粗略的将矿物划分为三个等级，即低硬度矿物——凡能被指甲所刻划的矿物；中硬度矿物——凡不能被指甲所刻划但能被小刀刻划的矿物；高硬度矿物——凡不能被小刀所刻划的矿物。

测定矿物的硬度时，采用比较法进行。即某矿物晶体能被5号矿物所刻动，则其矿物硬度小于5号硬度，但矿物自身不能被4号矿物所刻动，则其硬度大于4号矿物硬度。因此，该矿物硬度为4～5号。同时，在测定矿物的硬度时需注意以下几个方面：

(1)当矿物标本上有几种矿物共生时，必须找准测试的对象，以防刻错。

(2)要在矿物的新鲜面上进行(晶面或者解理面)，以免刻划在风化面上降低矿物的硬度。

(3)刻划时需用矿物或代用品的尖端部分，当刻划时有滑感，表明刻划矿物硬度大，若有阻涩感则表明刻划矿物硬度小。

1.4.2 矿物的解理

矿物在外力(敲打、冲击)作用下，沿一定结晶方向分裂开成一系列相互平行、平坦光滑的平面的性质称之为解理，所裂开的光滑平面则为解理面。矿物的解理按其解理面裂开的难易程度及解理面的完整性可分为五级(表1-7)。

表1-7 矿物解理分类表

<table>
<tr><th>解理等级</th><th colspan="2">解理面出现难易程度</th><th>解理面平滑程度</th><th>断口发育程度</th></tr>
<tr><td>极完全解理</td><td rowspan="2">易</td><td>易剥成薄片</td><td>最平滑</td><td>最不发育</td></tr>
<tr><td>完全解理</td><td>不能剥成薄片，可裂成解理块</td><td>平滑</td><td>不发育</td></tr>
<tr><td>中等解理</td><td colspan="2">大易</td><td>中等平滑</td><td>发育</td></tr>
<tr><td>不完全解理</td><td colspan="2">难</td><td>差</td><td>较发育</td></tr>
<tr><td>极不完全解理</td><td colspan="2">最难或不出现</td><td>最差</td><td>最发育</td></tr>
</table>

不同的解理等级具有不同的特征，具体表现见表 1-8。

表 1-8　矿物解理等级分类特征表

解理等级	特征	常见矿物
极完全解理	晶体受力后极易裂成薄片或叶片，解理面平整宽大且光滑，在该方向上无断口	云母、石墨、透石膏
完全解理	矿物受力后易裂成光滑的平面(非薄片)，解理面较宽大光滑，不易产生断口，可呈阶梯状发育	方铅矿、方解石
中等解理	矿物晶体受力后破裂而成一系列阶梯状羽列的较小且不太连续的平面(即解理面未完全穿过整个矿物晶体)，每个独立的解理面清晰可见，平坦光滑程度较差，在该方向上既有解理又有断口	普通辉石、普通角闪石
不完全解理	矿物晶体受力后破裂成由断续小平面组成的近似平整的解理面或不易裂出解理面，裂开面有时呈平坦状断口	磷灰石、橄榄石
极不完全解理	矿物晶体受力后很难出现平坦面，通常称为无解理	石英、石榴子石、磁铁矿

矿物解理受晶体结构和化学键结合程度的控制，矿物的解理按发生的方向可以划分为若干组，习惯上将同方向的解理划分为一组，具体可划分为一组解理、二组解理和三组解理。

(1)一组解理：具有一个固定裂开方向的所有解理面，如云母类矿物。

(2)二组解理：具有两个固定方向的解理面，如钾长石、正长石、斜长石等。

(3)三组解理：矿物裂开为三个固定方向的平面，如方解石、方铅矿等。

解理是矿物晶体内部结构对称性与异向性在宏观上的表现。不同矿物晶体内部结构不同，常有不同性质的解理，同种矿物其晶体不同方向上的解理也有差别。因此，在观察矿物的解理时应注意以下几个方面：

(1)解理面只能在晶质矿物中出现，非晶质和胶体矿物不具有解理。

(2)必须区别解理面与晶面。晶面是晶体中唯一的外表面，受力破坏后即不复存在；解理面是晶体受力沿内部结合力薄弱的方向裂开成平整光滑的平面，仅在晶体的碎块上出现，且成组出现。因此，解理面可以平行于晶面，但不等同于晶面，也可以与晶面相交。

(3)由于实验标本均采自野外，已经过人工敲打而形成解理面，不需要再敲打。寻找解理面时要对准光线反复转动标本，注意是否有相同方向且相互平行的许多面(线)存在。

1.4.3　矿物的断口

矿物受外力作用发生破裂后，若其破裂面不平整、不光滑、无确定的结晶方向而随机分布，这种破裂面称之为断口。断口不仅见于晶质矿物，也见于非晶质矿物之中。依据矿物裂开端口的形状，可分为以下几类：

(1)贝壳状断口：断口有圆滑的凹面或凸面，面上具有同心状的波纹，形如蚌壳面，如石英、黑曜岩就具有明显的贝壳状断口。

(2)锯齿状断口：断口似锯齿状，其凸齿和凹齿均比较规整，同方向锯齿形长短及形状差异并不大，延展性很强的矿物具有此断口，如自然铜。

(3)参差状断口：破裂面参差不齐，粗糙不平，如折断的树木茎干，破裂面起伏程度较贝壳状大，较锯齿状断口小，大多数矿物具有这种断口，如黄铁矿、红柱石、磷灰石等。

(4)土状断口：破裂面总体上较为平整，但断口不规整，为隐晶质土状矿物集合体所特有，如高岭石矿物块体等所具有的断口。

断口与解理为消长关系，即解理发育者，断口不发育，如云母、方解石等；相反，不显解理者，断口发育，如石英、橄榄石等。但有些矿物解理与断口共存，各有其不同的发育方向，即沿某一方向的解理与沿任意方向的断口同时出现，如钾长石和斜长石等。

1.5 常见矿物鉴定

自然界的矿物种类繁多，人类已熟知的矿物种数也从 20 世纪初的 2 000 多种增加到了 20 世纪 90 年代的 4 000 多种。但主要矿物仅 100 多种，按照形成矿物的化学成分、内部结构及矿物形态之间的差异，矿物通常可以分为五大类，矿物分类及其基本特点见表 1-9。

表 1-9　矿物分类及其基本特点

矿物类型	形成条件	包含类别
自然元素矿物	在地壳中以单质状态存在，根据矿物的性质划分三类	金属元素矿物类、半金属元素矿物类、非金属元素矿物类
卤化物矿物	卤族元素（F、Cl、Br、I）与金属元素（Na、K、Mg、Ca、Al 等）的化合物	氟化物类、氯化物类
硫化物矿物	金属阳离子与 S^{2-} 化合而成的化合物	简单硫化物类、复杂硫化物类
含氧盐矿物	各种含氧酸根（络阴离子）与金属阳离子结合而成	硅酸盐类、碳酸盐类、硫酸盐类、磷酸盐类、硼酸盐类、钨酸盐类、钼酸盐类、铬酸盐类
氧化物和氢氧化物矿物	金属和非金属的阳离子与 O^{2-} 或 OH^- 相化合而成的化合物	氧化物类、氢氧化物类

1.5.1 自然元素矿物

自然元素矿物占地壳的总重量不足 0.1%，分布极不均匀，目前，已知的自然元素矿物超过50种。组成自然元素矿物主要为金属元素、半金属元素或非金属元素。金属元素中以铂族和金最为重要，其次是铜和银，而铅、锡、锌等比较少见，铁、钴、镍以单质形式主要存在于铁陨石中；半金属元素主要是砷、锑、铋，其非金属性由强及弱；在非金属元素中以硫和碳为最主要。常见的自然元素矿物主要包括自然铂族(铂、铱、钯、锇、钌等)、自然铜族(铜、银、金)、自然铋族(砷、锑、铋)、自然硫族、金刚石—石墨族(金刚石、石墨)五类。其矿物基本性质及鉴定特征见表1-10。

表1-10　自然元素矿物的基本性质及特点

矿物类型	鉴定特征	主要用途
自然铂	银白至钢灰色，金属光泽，硬度4～4.5，无解理，锯齿状断口，比重大，在空气中不氧化，与普通酸不溶解，高熔点	难溶化学器皿
自然铜	铜红色，富延展性，金属光泽，硬度2.5～3，无解理，锯齿断口状，片状或致密块状集合体，溶于硝酸	提炼铜
自然银	灰黑色，新鲜断面银白色，金属光泽，硬度2.5，无解理，锯齿状断口，比重大，富延展性，溶于硝酸，与盐酸生成白色沉淀	提炼银
自然金	金黄色，金属光泽，具延展性，无解理，化学性质稳定，不溶于酸，只溶于王水，硬度2.5～3，比重大	制作黄金、合金、半导体材料
自然铋	菱面体，带浅黄的银白色，金属光泽，硬度2.5，完全解理	提炼铋
自然硫	呈块状、粉末状，黄色，晶面金属光泽，断面油脂光泽，不完全解理，贝壳状断口，硬度1～2，性脆、易溶	制造硫酸
金刚石	无色透明或带有蓝、黄、褐、黑色，晶面金刚光泽，断口油脂光泽，中等解理，硬度10	制造钻石、高硬切割材料
石墨	黑色，半金属光泽，硬度1～2，极完全解理，有滑感，鳞片状、块状或土状集合体，薄片具挠性	坩埚、润滑剂、制作电极、合成金刚石及用作原子能反应堆

1.5.2　铬酸盐矿物

铬酸盐矿物是一系列金属阳离子与铬酸根相化合而成的盐类。在自然界，铬以不同价态出现形成矿物，常与某些氧化物和硅酸盐组成矿物。目前，已知的铬酸盐矿物种数仅10种左右，其中，铬铅矿是铬酸盐中唯一较为常见的矿物。铬酸盐矿物的基本性质及特点见表1-11。

表 1-11　铬酸盐矿物的基本性质及特点

矿物类型	鉴定特征	主要用途
铬铅矿	长柱状，鲜橘红色，金刚光泽，硬度 2.5～3.0，性脆，中等解理	提炼铬、铅

1.5.3 硫化物及其类似化合物的矿物

硫化物及其类似化合物的矿物种数有 350 种左右，其中，硫化物占 2/3 以上，剩余包含硒化物、碲化物、砷化物、锑化物及铋化物等，其占地壳总重量的 0.15%，是有色金属和稀有矿床的主要组成部分。主要分为单硫化物及类似化合物(以 S^{2-} 的形式与阳离子结合而成)、双硫化物及类似化合物[以 $(S_2)^{2-}$ 的形式与阳离子结合]以及硫盐矿物(硫与半金属元素砷、锑组成或对阴离子与阳离子结合而成)三类。硫化物及其类似化合物矿物的基本性质及特点见表 1-12。

表 1-12　硫化物及其类似化合物矿物的基本性质及特点

矿物类型	鉴定特征	主要用途
辉银矿	铅灰色，金属光泽，硬度 2～2.5，不完全解理	提炼银
辉铜矿	暗铅灰色，金属光泽，硬度 2～3，不完全解理	提炼铜
方铅矿	铅灰色，金属光泽，硬度 2～3，完全解理	提炼铅
闪锌矿	浅黄、棕褐、黑色，树脂光泽至半金属光泽，硬度 3.5～4，完全解理	提炼锌
纤锌矿	铅灰色，树脂光泽，硬度 2～2.5，中等解理	提炼锌
硫镉矿	柠檬黄色，树脂光泽，硬度 3～3.5，中等解理	提炼镉
辰砂	猩红色，树脂光泽或半金属光泽，硬度 3.5～4，完全解理	提炼汞、激光材料
磁黄铁矿	暗青铜黄色，金属光泽，硬度 4，不完全解理	制造硫酸
红镍矿	浅铜红色，金属光泽，硬度 5，不完全解理	提炼镍
镍黄铁矿	古铜黄色，金属光泽，硬度 3～4，完全解理	提炼镍、钴
黄铜矿	黄铜色，金属光泽，硬度 3～4	提炼铜
黄锡矿	钢灰、橄榄绿色，金属光泽，硬度 3～4，不完全解理	提炼锡
斑铜矿	暗铜红色，金属光泽，硬度 3	提炼铜
辉锑矿	铅灰色，金属光泽，硬度 2，完全解理	提炼锑
辉铋矿	铅灰、锡白色，金属光泽，硬度 2～2.5，完全解理	提炼铋
雌黄	柠檬黄色，油脂光泽至金刚光泽，硬度 1.5～2，极完全解理，薄片具挠性	提炼砷

续表

矿物类型	鉴定特征	主要用途
雄黄	橘红色，晶面金刚光泽，断面树脂光泽，硬度1.5～2，完全解理	提炼砷
辉钼矿	铅灰色，金属光泽，硬度1，极完全解理	提炼钼、铼
铜　蓝	靛青蓝色，金属光泽，硬度1.5～2，完全解理	提炼铜
黄铁矿	浅铜黄色，金属光泽，硬度6～6.5，参差状断口	制作硫酸
白铁矿	浅铜黄色，金属光泽，硬度5～6，不完全解理	制作硫酸
辉砷钴矿	玫瑰红、锡白色，金属光泽，硬度5.5，中等解理	提炼钴
毒砂	锡白色，金属光泽，硬度5.5～6，不完全解理	提炼砷
红银矿	红色，金刚光泽，硬度2～2.5，中等解理，参差状断口	提炼银
硫锑铅矿	铅灰色，金属光泽，硬度2.5～3，中等解理，阶梯状断口	提炼铅、锑
黝铜矿	钢灰至铁黑色，金刚半金属光泽，硬度3～4，无解理	提炼铜

1.5.4 卤素化合物矿物

卤素化合物矿物为金属阳离子与卤族阴离子(氟、氯、溴、碘)相化合的化合物。卤素化合物矿物的种数约为100种，主要分为氟化物、氯化物、溴化物及碘化物四类。卤素化合物矿物的基本性质及特点见表1-13。

表1-13　卤素化合物矿物的基本性质及特点

矿物类型	鉴定特征	主要用途
萤石	紫色、蓝色、绿色，玻璃光泽，硬度4，完全解理，性脆，透射能力强	制造光学透镜，提取氟，催化剂
冰晶石	无色或白色，玻璃至油脂光泽，硬度2～3，无解理，参差状断口	炼铝的溶剂
石盐	纯净者无色透明，混入杂质后呈现灰色、黄色、红色、黑褐色，玻璃光泽，风化面油脂光泽，硬度2，性脆，完全解理，贝壳状断口，易溶于水，味咸	食料和防腐剂，制取金属钠
钾盐	纯净无色透明，若存在包裹体呈白色，若存在Fe_2O_3呈红色，玻璃光泽，硬度2，完全解理，参差状断口	制造钾肥
光卤石	纯净无色透明，若存在Fe_2O_3呈红色，新鲜面玻璃光泽，在空气中转变为油脂光泽，硬度2～3，无解理，易潮解，易溶于水，味咸	制造钾肥，提取镁
角银矿	新鲜者无色或微黄色，新鲜面玻璃光泽，角质块块体具蜡状光泽，硬度1.5～2，无解理，具塑性、柔性	提炼银

1.5.5 钨酸盐和钼酸盐矿物

钨酸盐和钼酸盐矿物是金属阳离子分别与钨酸根和钼酸根相化合而成的盐类。目前，已知的矿物种数有20余种，主要包括白钨矿族和钼铅矿族。钨酸盐和钼酸盐矿物的基本性质及特点见表1-14。

表1-14　钨酸盐和钼酸盐矿物的基本性质及特点

矿物类型	鉴定特征	主要用途
白钨矿	通常为白色，有时微带浅黄或浅绿，油脂光泽或金刚光泽，硬度4.5，性脆，中等解理，参差状断口	炼钨的矿物原料
钼铅矿	橙黄至蜡黄色，有时微带浅灰、浅绿或浅褐色，金刚光泽，断口树脂光泽，硬度3，完全解理	炼铅和钼的矿物原料

1.5.6 硝酸盐矿物

硝酸盐矿物是金属阳离子与硝酸根相化合而成的盐类。由于硝酸盐在水中的溶解度很高，因此，仅存于气候干旱炎热的地方，自然界大约只有10种，主要包括钠硝石和钾硝石。硝酸盐矿物的基本性质及特点见表1-15。

表1-15　硝酸盐矿物的基本性质及特点

矿物类型	鉴定特征	主要用途
钠硝石	无色或白色，含杂质呈黄色或褐色，玻璃光泽，硬度1.5～2，完全解理，性脆，强潮解性，易溶于水，味咸	制造氮肥
钾硝石	无色或白色，玻璃光泽，硬度2，完全解理，性脆，不易潮解，易溶于水，味苦	制造氮肥

1.5.7 硼酸盐矿物

硼酸盐矿物是一系列金属阳离子与硼酸根相化合而成盐类。目前，已知的硼酸盐矿物种数约为90种，包括硼镁铁矿族、硼镁石族、硼砂族、方硼石族。硼酸盐矿物的基本性质及特点见表1-16。

表1-16　硼酸盐矿物的基本性质及特点

矿物类型	鉴定特征	主要用途
硼镁铁矿	黑绿至黑色，光泽暗淡，纤维状集合体呈丝绢光泽，硬度5.5～6，无解理	提炼硼的矿物原料

续表

矿物类型	鉴定特征	主要用途
硼镁石	白色或微带黄色，纤维状集合体呈丝绢光泽，块状者光泽暗淡，硬度3～4	提炼硼的矿物原料
硼砂	白色或微带绿、蓝色调，玻璃光泽，土状者暗淡，三组解理，一组完全，一组中等，一组不完全，硬度2～2.5	提炼硼的最重要矿物原料
方硼石	无色或白色，有时微带黄绿色调，玻璃光泽或金刚光泽，半透明，硬度7～7.5，无解理，断口贝壳状或参差状	提炼硼的矿物原料

1.5.8 碳酸盐矿物

碳酸盐矿物是金属阳离子与碳酸根相化合而成的盐类。目前，已知的碳酸盐矿物有90余种，主要包括方解石—文石族、白云石族、孔雀石族及氟碳铈矿族。碳酸盐矿物的基本性质及特点见表1-17。

表1-17　碳酸盐矿物的基本性质及特点

矿物类型	鉴定特征	主要用途
方解石	菱面体，纯净无色透明(冰洲石)，一般呈白色，含杂质呈灰、黄、浅红、绿、蓝色，玻璃光泽，硬度3，完全解理，遇HCl剧烈起泡	制偏光棱镜，石灰岩烧制石灰、水泥
菱镁矿	粒状集合体，白色，玻璃光泽，硬度3.5～4.5，完全解理	耐火材料、提炼镁
菱铁矿	灰黄至浅褐色，玻璃光泽，硬度3.5～4.5，完全解理	提炼铁
菱锰矿	玫瑰红色，玻璃光泽，硬度3.5～4，完全解理	提炼锰
菱锌矿	灰白微带浅绿色，珍珠光泽，硬度4～4.5，完全解理	提炼锌
文石	无色或白色，玻璃光泽，断口油脂光泽，硬度3.5～4，不完全解理，贝壳状断口，遇HCl剧烈起泡	珍珠的主要成分
碳酸锶矿	无色或白色，有时呈浅黄，玻璃光泽，断口油脂光泽，硬度3.5，不完全解理，溶于HCl并起泡	提炼锶
白铅矿	无色或白色，含硫化物呈黑色，金刚光泽，有时呈油脂或珍珠光泽，硬度3～3.5，不完全解理，贝壳状断口	提炼铅
碳酸钡矿	又称毒重石，无色或白色，有时呈浅黄，玻璃光泽，断口油脂光泽，硬度3～3.5，不完全解理	提炼钡
白云石	粒状或块状集合体，无色或白色，含Fe、Mn呈黄褐、淡红色，玻璃光泽，硬度3.5～4，完全解理	耐火材料、炼钢溶剂

续表

矿物类型	鉴定特征	主要用途
孔雀石	深绿至浅绿色，玻璃光泽至金刚光泽，纤维状集合体为丝绢光泽，硬度3.5～4，性脆，完全、中等解理	炼铜原料、颜料或工艺雕刻材料
蓝铜矿	深蓝色，玻璃光泽，硬度3.5～4，性脆，完全解理，贝壳状断口	炼铜原料、颜料
氟碳铈矿	黄至褐色或浅绿色，玻璃或油脂光泽，硬度4～4.5，不完全解理	提炼铈、镧

1.5.9 氧化物和氢氧化物矿物

氧化物和氢氧化物矿物是一系列金属阳离子或某些非金属阳离子与O^{2-}或OH^{-}相化合的化合物。这类矿物种数约200种，它们占地壳总重量的17%左右。包括简单氧化物(表1-18)、复杂氧化物(表1-19)及氢氧化物(表1-20)。

表1-18 简单氧化物矿物的基本性质及特点

矿物类型	鉴定特征	主要用途
赤铜矿	针状或发状，集合体呈致密粒状或土状，暗红色，金刚或半金属光泽，硬度3.5～4.0，不完全解理	提炼铜
刚玉	粒状或致密块状集合体，蓝灰、黄灰色，含铁呈黑色，含铬呈红色(红宝石)，含钛呈蓝色(蓝宝石)，玻璃光泽，硬度9，无解理	制作宝石、激光材料
赤铁矿	铁黑、钢灰、暗红色，金属光泽至半金属光泽或土状光泽，不透明，硬度5.5～6，性脆，无解理	提炼铁
金红石	短柱状、长柱状或针状，褐红色，金刚光泽，硬度6，不透明，性脆，中等解理	提炼钛
锐钛矿	褐黄色、蓝色、黑色，金刚光泽，硬度5.5～6，性脆，平行、中等解理	提炼钛
锡石	纯净锡石无色，一般黄棕色至深褐色，金刚光泽，断口油脂光泽，硬度6～7，性脆，不完全解理，贝壳状断口	提炼锡
软锰矿	肾状、结核状、块状或粉末状集合体，黑色，半金属光泽，硬度2～6，性脆，完全解理	提炼锰
晶质铀矿	黑色，半金属光泽至树脂光泽，沥青铀矿为沥青光泽，晶质铀矿硬度5～6，沥青铀矿硬度3～5，无解理，贝壳状或参差状断口	原子能材料，提取镭和稀土元素
石英	单晶六方柱和菱面体，集合体呈粒状、致密块状或晶簇，纯净无色透明，含杂质呈烟黄色、紫色、浅红色、乳白色，玻璃光泽，断口呈油脂光泽，硬度7，无解理，贝壳状断口	制造光学棱镜、玛瑙、水晶雕刻等

续表

矿物类型	鉴定特征	主要用途
鳞石英	粒状、球状集合体形态，无色或白色，玻璃光泽，硬度 6.5～7，贝壳状断口	—
方石英	纤维状集合体形态，无色或乳白色，玻璃光泽，硬度 6.5～7，无解理，贝壳状断口	—
蛋白石	颜色不定，通常为蛋白色，玻璃光泽或蛋白光泽，无色透明为玻璃蛋白石，半透明具橙红色为火蛋白石，半透明带乳光色彩为贵蛋白石	名贵雕刻材料，制作过滤剂

表 1-19　复杂氧化物矿物的基本性质及特点

矿物类型	鉴定特征	主要用途
钛铁矿	钢灰至黑色，半金属光泽，不透明，硬度 5～6，无解理，次贝壳状断口	提炼钛
钙钛矿	褐至灰黑色，条痕白至灰黄色，金刚光泽，硬度 5.5～6，不完全解理，参差状断口	提炼钛、稀土、铌
尖晶石	红、绿、褐黑色，玻璃光泽，硬度 8，无解理	宝石
磁铁矿	铁黑色，半金属光泽，硬度 6，性脆，无解理，磁性	提炼铁
铬铁矿	黑色，半金属光泽，硬度 5.5～6.5，性脆，无解理，磁性	提炼铬
钨铁矿	红褐色至黑色，树脂光泽至半金属光泽，硬度 4～4.5，性脆，完全解理，弱磁性	提炼钨
黄钇钽矿	黄褐至黑褐色，断口油脂光泽，硬度 5.5～6.5，解理不清晰，贝壳状断口，具放射性	提炼铌、钽、稀土、钍、铀
钽铁矿	黑至褐黑色，半金属光泽，硬度 6～6.5，性脆，中等解理，次贝壳状断口	提炼铌、钽
易解石	黑至褐黑色，树脂至金刚光泽，硬度 5～6，性脆，贝壳状断口，具放射性	提炼铈、钇、铌、钽、钍、铀
复稀金矿	黑色微带浅绿至褐色，半金属光泽，硬度 5.5～6.5，性脆，无解理，贝壳状断口，具放射性和弱磁性	提炼铈、钇、铌、钽、钍、铀
细晶石	黄至褐色，油脂光泽，硬度 5～6，性脆，中等解理，贝壳状断口，具放射性	提炼铈、钇、铌、钽、钍、铀

表 1-20　氢氧化物矿物的基本性质及特点

矿物类型	鉴定特征	主要用途
水镁石	白至淡绿色，含有锰或铁者呈红褐色，断口玻璃光泽，解理面珍珠光泽，硬度 2.5，极完全解理	提炼镁
三水铝石	白色，常带灰、绿、褐色，玻璃光泽，解理面珍珠光泽，硬度 2.5～3，极完全解理	提炼铝，制作耐火材料
一水硬铝石	白色，常带灰、黑褐色，玻璃光泽，解理面珍珠光泽，硬度 6～7，完全解理，性脆	提炼铝，制作耐火材料
一水软铝石	白色或微黄色，玻璃光泽，硬度 3.5，完全解理	提炼铝，制作耐火材料
针铁矿	褐黄至褐红色，半金属光泽，结核状，硬度 5～5.5，完全解理，参差状断口，性脆	炼铁原料
纤铁矿	红至红褐色，半金属光泽，纤维状集合体呈丝绢光泽，硬度 5，极完全、完全解理，性脆	炼铁原料
水锰矿	深灰至黑色，半金属光泽，硬度 4，性脆，一组完全解理，两组中等解理	提炼锰的原料
硬锰矿	灰黑至黑色，半金属光泽，硬度 5～6，性脆	提炼锰的原料

1.5.10　硫酸盐矿物

硫酸盐矿物是金属阳离子与硫酸根相化合而成的盐类。目前，已知的硫酸盐矿物种数有 170 余种，占地壳总重量的 0.1%，主要包括重晶石族、硬石膏族、石膏族、芒硝族、胆矾族、水绿矾族、明矾石族。硫酸盐矿物的基本性质及特点见表 1-21。

表 1-21　硫酸盐矿物的基本性质及特点

矿物类型	鉴定特征	主要用途
重晶石	无色或白色，有时呈黄、褐、淡红等色，玻璃光泽，解理面显珍珠光泽，硬度 3～3.5，性脆，三组解理，两组完全，一组中等	作为钻井泥浆的加重剂，X 射线防护剂
天青石	灰白色，有时无色透明，玻璃光泽，解理面呈珍珠光泽，硬度 3～3.5，性脆，三组解理，两组完全，一组中等	提炼锶的主要矿物原料
铅矾	无色透明或白色，有时呈灰黄、灰白等色，金刚光泽，硬度 2.5～3.0，三组解理，两组中等，一组不完全	量多时可作提炼铅的矿物原料

续表

矿物类型	鉴定特征	主要用途
硬石膏	纯净者透明，无色或白色，常因含杂质而呈暗灰色，有时微带红色或蓝色，玻璃光泽，解理面显珍珠光泽，硬度3～3.5，三组解理，两组完全，一组中等，三组解理面相互垂直，可裂成火柴盒状小块	用于造型塑像、医疗、造纸等方面，用量最大的是水泥工业
石膏	通常呈白色，无色透明晶体称透石膏，玻璃光泽，解理面呈珍珠光泽，纤维状集合体呈丝绢光泽，硬度2，三组解理，一组极完全，两组中等	用于水泥、造型塑像和造纸等工业
芒硝	无色或白色，透明，玻璃光泽，硬度1.5～2，性极脆，完全解理，其他方向具贝壳状断口	提炼钠矿物原料
胆矾	蓝色，有时微呈绿色，玻璃光泽，硬度2.5，性极脆，不完全解理，贝壳状断口	颜料、化工的原料
水绿矾	淡绿至蓝绿色，玻璃光泽，硬度2，性极脆，两组解理，一组完全，一组不完全	大量出产时可作制造颜料之用
明矾石	白色，常带浅灰、浅黄或浅红色调，玻璃光泽，硬度3.5～4，中等解理，断口多片状至贝壳状	用以生产明矾及制造钾肥
黄钾铁矾	黄至深褐色，玻璃光泽，硬度2.5～3.5，中等至完全解理	研磨粉的原料

1.5.11 磷酸盐、砷酸盐及钒酸盐矿物

磷酸盐、砷酸盐及钒酸盐矿物是金属阳离子与磷酸根、砷酸根、钒酸根相化合而成的盐类。目前，已知的矿物种数有300余种，占地壳总重量的0.7%，主要包括独居石族、磷灰石族、臭葱石族、绿松石族、蓝铁矿族、铜铀云母族、钒钾铀矿族。磷酸盐、砷酸盐和钒酸盐矿物的基本性质及特点见表1-22。

表1-22 磷酸盐、砷酸盐和钒酸盐矿物的基本性质及特点

矿物类型	鉴定特征	主要用途
独居石	黄褐色或红褐色，树脂光泽或蜡状光泽，硬度5～5.5，中等解理，贝壳状断口至参差状断口	提炼稀土元素的重要矿物原料
磷灰石	黄色、绿色、黄绿色、浅蓝色、紫色、烟灰色、红褐色，玻璃光泽，断口面呈油脂光泽，硬度5，不完全解理，参差状或贝壳状断口	用于制造磷肥以及化学工业上的各种磷盐和磷酸
磷氯铅矿	常为黄绿色，有时为鲜红或橙黄色，硬度3.5～4，无解理，参差状断口	提炼铅矿物原料

续表

矿物类型	鉴定特征	主要用途
砷铅矿	砷铅矿常为蜜黄、褐或绿色，纯净者无色，硬度 3.5～4，无解理，参差状断口	提炼铅矿物原料
钒铅矿	钒铅矿常为黄或褐色，有时为红色，条痕均为白色或极淡的黄色，金刚光泽或油脂光泽，硬度 3	提炼铅矿物原料
臭葱石	苹果绿、淡蓝绿或褐灰色，玻璃光泽，硬度 3.5，性脆，三组不完全解理，参差状断口	—
绿松石	苹果绿或蓝绿色，蜡状光泽，硬度 5～6，两组解理，一组完全，一组中等解理	作为名贵雕刻材料
蓝铁矿	无色透明，在空气中易氧化而呈暗蓝色或蓝黑色，玻璃光泽，解理面呈珍珠光泽，硬度 1.5～2，完全解理	作为磷肥或染料
钴华	呈桃红色，条痕淡红色，玻璃光泽，硬度 1.5，完全解理	钴镍矿找矿标志
镍华	呈翠绿或苹果绿色，玻璃光泽，硬度 3.0，完全解理	钴镍矿找矿标志
铜铀云母	翠绿色，玻璃光泽，解理面显珍珠光泽，硬度 2～2.5，极完全解理	寻找原生铀矿的良好标志
钙铀云母	柠檬黄色，玻璃光泽，解理面显珍珠光泽，硬度 2～2.5，极完全解理	寻找原生铀矿的良好标志
钒钾铀矿	柠檬黄色，珍珠光泽，集合体光泽暗淡，硬度 2，极完全解理	提炼铀的矿物原料

1.5.12 硅酸盐矿物

硅酸盐矿物是金属阳离子与硅酸根化合而成的含氧酸盐。目前，已知的硅酸盐矿物种数有 800 余种，占地壳总重量的 80%，主要包括岛状结构、链状结构、层状结构、架状结构、环状结构，具体特征见表 1-23～表 1-27。

表 1-23　岛状结构硅酸盐矿物的基本性质及特点

矿物类型	鉴定特征	主要用途
锆石	黄色至红棕色，而灰色、绿色或无色者少见，金刚光泽，有时呈油脂光泽，硬度 7.5，不完全解理	提炼锆和铪的最重要矿物原料

续表

矿物类型	鉴定特征	主要用途
橄榄石	镁橄榄石呈白色至浅黄色，一般呈黄绿色至橄榄绿色，锰橄榄石呈灰色，玻璃光泽或油脂光泽，断口常呈次贝壳状，硬度6～7，镁橄榄石不完全解理，锰橄榄石具中等或不完全解理	耐火材料
蓝晶石	一般呈蓝色，玻璃光泽，解理面上有时显珍珠光泽，中等或不完全解理，硬度5.5～7	高级耐火材料
红柱石	灰白色或肉红色，玻璃光泽，硬度6.5～7.5，两组解理，一组完全，一组不完全	高级耐火材料
矽线石	灰白色，玻璃光泽，硬度7，完全解理	高级耐火材料
铁铝榴石	褐色，深红色至黑色，玻璃光泽，硬度7～7.5，无解理，断口呈次贝壳状或参差状	作研磨材料
钙铁榴石	褐黑或黑色，玻璃光泽，硬度7～7.5，无解理，断口呈次贝壳状或参差状	作研磨材料
黄晶(黄玉)	无色透明，或呈浅黄、浅蓝、浅绿和浅红等色，玻璃光泽，硬度8，中等至完全解理	研磨材料或轴承
十字石	红棕、黄褐至暗褐色，玻璃光泽，硬度7～7.5，中等解理	—
硬绿泥石	深灰至墨绿色，玻璃光泽，硬度6.5，中等或不完全解理	—
榍石	黄色、褐色、绿色、灰色或黑色，玻璃光泽或金刚光泽，硬度5，中等或不完全解理	提炼钛矿物原料
黝帘石	通常呈灰色，玻璃光泽，解理面可现珍珠光泽，硬度6，两组解理，一组完全，一组不完全	—
斜黝帘石	无色或灰色，玻璃光泽，硬度6～6.5，完全解理	—
绿帘石	绿色，玻璃光泽，硬度6～6.5，完全解理	—
褐帘石	褐色、沥青黑色，树脂光泽，硬度6，不完全解理	提炼稀土
符山石	通常呈褐或绿色，玻璃光泽或油脂光泽，硬度6～7，三组不完全解理	

表 1-24　链状结构硅酸盐矿物的基本性质及特点

矿物类型	鉴定特征	主要用途
顽火辉石	无色或带浅绿的灰色，也可呈褐绿色或褐黄色，玻璃光泽，硬度5～6，完全解理	—

续表

矿物类型	鉴定特征	主要用途
古铜辉石	墨绿黑色或褐黑色，玻璃光泽，硬度 5～6，完全解理	—
紫苏辉石	古铜色，玻璃光泽，硬度 5～6，完全解理	—
钙铁辉石	深绿至墨绿色，玻璃光泽，硬度 5.5～6.5，中等至完全解理	—
普通辉石	绿黑色或黑色，少数情况下呈暗绿色或褐色，玻璃光泽，硬度 5.5～6，完全或中等解理，解理交角为 87°	—
霓辉石	暗绿色或墨绿色至黑色，有时带褐色，条痕浅绿色，玻璃光泽，硬度 6，中等至完全柱面解理	—
硬玉	以苹果绿色最常见，也有呈浅蓝和白色者，硬度 6.5～7，由于经常成致密块状，很少表现出解理，而出现刺状断口	雕制各种玉器
锂辉石	灰白色，微绿或微紫色调，硬度 6.5～7，完全或中等解理	提炼锂矿物原料
硅灰石	白色或灰白色，玻璃光泽，解理面可呈珍珠光泽，硬度 4.5～5	应用于陶瓷工业中作为配料
蔷薇辉石	玫瑰红色至棕红色，玻璃光泽，解理面上有时呈珍珠光泽，表面因氧化而暗淡且呈黑色，硬度 5.5～6.5	作为工艺雕刻材料
铝直闪石	白色、灰色、绿色及黄褐色等，玻璃光泽，硬度 5.5～6	工业石棉原料
透闪石	色浅，常呈白色或灰白色，玻璃光泽，硬度 5～6	制作各种石棉制品
阳起石	呈绿色，由浅绿色至墨绿色，玻璃光泽，硬度 5～6	制作各种石棉制品
普通角闪石	绿色，稍受氧化后则呈浅褐或深褐色，玻璃光泽，硬度 5～6，完全解理	—
蓝闪石	呈灰蓝色、深蓝色至蓝黑色，条痕色是带浅蓝的灰色，玻璃光泽或丝绢光泽，硬度 5，完全解理	过滤有毒气体，制作胶粘剂
钠闪石	呈黑色，条痕色为蓝灰色，玻璃光泽或丝绢光泽，硬度 6，完全解理	过滤有毒气体，制作胶粘剂

表 1-25　层状结构硅酸盐矿物的基本性质及特点

矿物类型	鉴定特征	主要用途
蛇纹石	绿色，常见的块体呈油脂光泽或蜡状光泽，纤维状者呈丝绢光泽，硬度 2.5～3.5，完全解理	可用作建筑材料

续表

矿物类型	鉴定特征	主要用途
高岭石	纯者白色，含杂质呈浅黄、浅灰、浅红、浅绿、浅褐等色，蜡状光泽或珍珠光泽，硬度1～3，完全解理	作为陶瓷原料
硅孔雀石	天蓝、绿或天青色，有时可变成褐色，蜡状光泽，硬度2	炼铜的矿物原料
滑石	无色透明或白色，含杂质而可呈现浅绿、浅黄、浅棕甚至浅红色，解理面呈珍珠光泽，硬度1，完全解理	作为造纸填充剂、纺织漂白剂
叶蜡石	纯者白色，或呈黄色、浅蓝、浅绿或灰色，解理面具珍珠光泽，致密块体呈油脂光泽，硬度1～2，完全解理	用于雕刻
蒙脱石	白色或灰白色，因含杂质而染有黄、浅玫瑰红、蓝或绿等色，土状者光泽暗淡，硬度1～2	用于陶瓷、染料、造纸、橡胶等
蛭石	褐黄色至褐色，有时带有绿色色调，珍珠光泽，但较黑云母弱，硬度1～1.5，完全解理	作绝热、消声、造纸和涂料材料
金云母	呈无色、浅棕色、红棕色、浅绿色，偶有深褐色，玻璃光泽，解理面呈珍珠光泽，极完全解理，硬度2～3	粗大者可用作绝缘材料
黑云母	呈红棕色、深褐色乃至黑色，玻璃光泽，解理面呈珍珠光泽，极完全解理，硬度2～3	—
羟铁云母	呈红棕色、深褐色乃至黑色，玻璃光泽，解理面显珍珠光泽，极完全解理，硬度2～3	—
白云母	薄片无色透明，解理面呈珍珠光泽，绢云母可见丝绢光泽，硬度2.5～3，极完全解理	是电气、无线电、航空等矿物材料
鳞云母	鳞云母经常带有淡紫色、玫瑰色或粉红色的色调	提炼锂
铁锂云母	常呈浅褐至深褐色，有时呈灰色、浅紫色或暗绿色	提炼锂
伊利石	纯者洁白，因杂质而染成黄、绿、褐色，油脂光泽，硬度1～2，完全解理	—
绿泥石	呈现绿色，玻璃光泽或土状光泽，解理面可见珍珠光泽，硬度2～3	—
葡萄石	白色、灰色、浅黄色、肉红色或绿色，玻璃光泽，硬度6～6.5，完全至中等解理	—

表1-26　架状结构硅酸盐矿物的基本性质及特点

矿物类型	鉴定特征	主要用途
正长石	常呈肉红色、浅黄色或灰白色，也有现红色、绿色或无色者，玻璃光泽，解理面呈珍珠光泽，薄片透明，两组完全解理，硬度6～6.5	用作陶瓷原料

续表

矿物类型	鉴定特征	主要用途
斜长石	白色或灰白色，玻璃光泽，硬度6～6.5，两组解理，一组完全，一组不完全	作为玻璃或陶瓷工业原料
霞石	纯者无色透明，但通常呈灰白色或灰色，有的带浅黄、浅褐、浅红、浅绿等色调，硬度5.5～6，两组不完全解理	用作玻璃、陶瓷的工业原料，提炼铝
白榴石	白色或无色，有时带淡黄色、淡肉红色或灰色，玻璃光泽或光泽暗淡，硬度5.5～6，极不完全解理	用作提炼钾和铝的原料
方钠石	无色透明或白色，还有灰、黄、红、绿、褐、蓝等色，以蓝色比较典型，玻璃光泽，断口有时呈油脂光泽，硬度5.5～6，中等至不完全解理	矿物材料之一
香花石	无色或乳白色，微带黄色色调，透明至半透明，镜下观察时，呈无色透明的圆形或近似圆形的六边形或八边形晶体，硬度6.5，性脆，解理不发育	提炼铍和锂的矿物原料
方柱石	颜色有无色、白色、蓝灰色、浅绿黄色、黄色、紫色、红褐色至褐色等，玻璃光泽，有的透明，有的不透明，硬度5～6，中等解理	—
钠沸石	无色或呈白、灰、黄、红等色，透明或半透明，玻璃光泽，纤维状者略带丝绢光泽，完全解理，硬度5	—
菱沸石	有无色透明者，但多呈白色或因含杂质而呈浅黄、肉红或浅红色，硬度4.5	—
片沸石	白色或无色，含杂质现灰白、红、黄褐等色，玻璃光泽，解理面呈珍珠光泽，透明至微透明，完全解理，硬度3.5～4	—
束沸石	通常呈白色，但可染成黄、红、褐色，透明至微透明，玻璃光泽，解理面呈珍珠光泽，完全解理，硬度3.5～4	—

表1-27　环状结构硅酸盐矿物的基本性质及特点

矿物类型	鉴定特征	主要用途
绿柱石	绿色，玻璃光泽，硬度7.5～8，不完全解理	提炼铍
堇青石	蓝色或紫蓝色，玻璃光泽，硬度7，两组解理，一组中等，一组不完全，贝壳状断口	作为宝石矿物
锂电气石	玫瑰、蓝、绿色，玻璃光泽，硬度7，无解理，参差状断口	透明而色泽美丽者用作宝石

续表

矿物类型	鉴定特征	主要用途
黑电气石	一般呈绿黑色至深黑色，玻璃光泽，硬度7，无解理，参差状断口	透明而色泽美丽者用作宝石
镁电气石	颜色变化于无色到暗褐色之间，玻璃光泽，硬度7，无解理，参差状断口	透明而色泽美丽者用作宝石

1.6 矿物鉴定实验

1.6.1 实验目的

(1)熟悉常见矿物的化学成分、形状、颜色等各种形态特征及其描述方法。

(2)了解形态在矿物鉴定上的意义。

(3)学会观察描述矿物的颜色、条痕、光泽等物理性质的方法。

(4)了解矿物各种物理性质之间的关系。

(5)学会肉眼观察描述矿物解理、硬度、断口等力学性质，鉴别常见矿物。

(6)初步掌握肉眼或其他方法鉴定简单造岩矿物的基本方法，为学习和鉴定岩石奠定基础。

1.6.2 实验用品

标本：石英、方解石、白云石、角闪石、辉石、白云母、黑云母、绿泥石、滑石、石膏、正长石、斜长石、高岭石。

工具：小刀、条痕板、放大镜、稀盐酸。

1.6.3 实验内容

(1)依据矿物的形态，逐一观察和描述常见的13种造岩矿物，并找出它们主要的鉴定特征。

(2)观察矿物的光学性质：颜色、光泽。

(3)观察矿物的力学性质：解理、断口、硬度。

1.6.4 实验报告

详细观察和对比常见造岩矿物，对其形态、颜色、光泽、硬度、解理及断口认真鉴定，并将实验结果填入表 1-28 的实验报告中。

表 1-28　矿物鉴定实验报告

<table>
<tr><td colspan="2">课程名称</td><td></td><td>姓名</td><td></td></tr>
<tr><td colspan="2">实验名称</td><td></td><td>学号</td><td></td></tr>
<tr><td colspan="2">任课教师</td><td></td><td>专业</td><td></td></tr>
<tr><td colspan="2">实验教师</td><td></td><td>班级</td><td></td></tr>
<tr><td colspan="2">实验日期</td><td></td><td>成绩</td><td></td></tr>
<tr><td colspan="2">实验目的</td><td colspan="3"></td></tr>
<tr><td colspan="2">实验要求</td><td colspan="3"></td></tr>
<tr><td colspan="2">实验用品</td><td colspan="3"></td></tr>
<tr><td colspan="2">实验方法</td><td colspan="3"></td></tr>
<tr><td colspan="2">实验内容</td><td colspan="3"></td></tr>
<tr><td rowspan="6">实验鉴定性质及含义</td><td>形态</td><td colspan="3"></td></tr>
<tr><td>颜色</td><td colspan="3"></td></tr>
<tr><td>光泽</td><td colspan="3"></td></tr>
<tr><td>硬度</td><td colspan="3"></td></tr>
<tr><td>解理</td><td colspan="3"></td></tr>
<tr><td>断口</td><td colspan="3"></td></tr>
</table>

标本编号	矿物名称	形态	颜色	光泽	硬度	解理	断口

复习思考题

1. 矿物的定义及形成矿物的地质作用是什么？
2. 矿物的形成方式及其形态有哪些？
3. 简述矿物的光学性质及其野外鉴定。
4. 简述矿物的力学性质及其野外鉴定。
5. 简述常见矿物的基本性质及其鉴定。

第2章　岩石基本性质及鉴定

岩石是地质科学中的一个专用术语，是指构成地壳和上地幔的固态物质。它是由一种或多种矿物的天然集合体组成，是地球内力和外力地质作用的产物。岩石按其成因可划分为岩浆岩、沉积岩和变质岩三种类型。三类岩石之间相互联系，相互演变，表现出不同的特征，因而，具有不同的工程地质性质。此外，各种工程建设中均会遇到各类岩石。因此，学习和鉴定岩石，具有重要的理论和实际意义。

2.1　岩　浆　岩

2.1.1　岩浆岩的定义

岩浆岩是指地下深处的岩浆经由岩浆作用而形成的岩石。由于岩浆可以在不同的地质环境中冷凝固结形成岩石，同时，不同 SiO_2 含量组分代表了其不同的化学性质。因此，根据岩浆的主要化学成分与产出环境将岩浆岩划分的类型见表 2-1。

表 2-1　岩浆岩分类简表

岩石类型	超基性岩	基性岩	中性岩	酸性岩
SiO_2 含量/%	<45	45～52	52～65	>65
主要矿物	橄榄石、辉石	斜长石、辉石、少量角闪石	斜长石、角闪石、黑云母	钾长石、斜长石、石英、黑云母
颜色	暗绿—黑绿色	深灰—灰黑色	灰白—灰色	灰白—肉红色

续表

岩石类型		超基性岩	基性岩	中性岩	酸性岩
喷出岩	隐晶质、斑状、玻璃质结构；气孔、杏仁、流纹状构造	科马提岩	玄武岩	安山岩	流纹岩
浅成岩	全晶质、似斑状结构；块状构造	苦橄玢岩	辉绿岩	闪长玢岩	花岗斑岩
深成岩	全晶质等粒结构；块状构造	橄榄岩	辉长岩	闪长岩	花岗岩

由于岩浆在不同的地质环境下冷凝固结形成岩石，因此，可按冷凝环境将其划分为侵入岩及喷出岩两大类。

侵入岩是指岩浆在地下不同深度冷凝固结形成的岩石，根据其形成深度的不同，可划分为深成岩和浅成岩。深成侵入岩是岩浆在地下深处(通常为距离地表 3 km 以下)冷凝而成的岩石，而在距地表 3 km 以内冷凝而成的岩石为浅成岩。一般情况下，由于侵入岩是在地壳深部冷凝固结形成，因而其冷却较慢，挥发成分较多，矿物之间结晶程度较好。

喷出岩是指岩浆及其他岩石、晶屑等沿火山通道喷出地表而形成的岩石，可划分为熔岩和火山碎屑岩。熔岩是指岩浆沿火山通道喷溢地表冷凝固结而成的岩石；火山碎屑岩是由火山爆发出来的各种岩石碎块、晶屑、岩浆团块等各种火山碎屑物质堆积(冷凝)而成。由于喷出岩是在地表冷凝固结而成，其冷却较快，且矿物结晶比较细小，因此，喷出岩矿物之间甚至来不及结晶而形成非晶状的玻璃质。

2.1.2 岩浆岩的颜色及矿物成分

1. 岩浆岩的颜色

岩浆岩的颜色是指岩浆岩外表显示的总体颜色，而不是单个矿物的颜色，它反映了岩浆岩的矿物成分或化学成分的变化。按照颜色的深浅程度可以划分为浅色和深色两大类。浅色总体呈现出浅淡的白色、灰白色；深色总体呈现绿色、褐色及灰黑色。因而观察岩石颜色时，应把标本放在远处，看岩石标本总体的颜色。

一般来说，从超基性岩—基性岩—中性岩—酸性岩，颜色由深变浅，即黑色—绿黑色—灰黑色—深灰色—灰色—灰绿色—绿色—暗红色—浅红色—肉红色—白灰色—灰白色—白色，岩浆岩颜色由深及浅的规律也反映了暗色矿物含量逐渐变少，浅色矿物含量逐渐增多。

2. 岩浆岩的矿物成分

岩浆岩的矿物成分是反映其组成及形成特征的主要依据，因此，研究其矿物成分对鉴定岩浆岩具有重要的意义。组成岩浆岩的矿物，一般统称为造岩矿物。常见的造岩矿物主要包含石英、长石、云母、角闪石、辉石、橄榄石等类型。因此，不同的矿物种类是鉴定岩浆岩的重要依据。

造岩矿物按照其含量可以划分为主要矿物(含量大于10%，如花岗岩中的长石、石英、黑云母)、次要矿物(含量大于1%，小于10%，如石英闪长岩中的石英)及副矿物(含量小于1%，如磷灰石、磁铁矿、锆石)三种类型。

造岩矿物按其形成阶段和形成时的物化条件可划分为岩浆矿物、岩浆期后矿物、成岩矿物、他生矿物或混染矿物、次生矿物等不同类型(表2-2)。

表2-2　造岩矿物按成因划分表

矿物类型	特点
岩浆矿物	岩浆冷凝过程中形成的矿物，即原生矿物。由岩浆直接结晶的为正岩浆矿物，如橄榄石；先生成正岩浆矿物然后与残浆发生反应的为反应矿物，如橄榄石发生反应生成辉石；未完全反应而留下的称为残余矿物
岩浆期后矿物	岩浆冷凝固结后，受残余流体影响而形成的矿物
成岩矿物	岩浆冷凝固结后，由于物化条件的变化，原来处于高温下稳定的矿物会向更稳定的状态变化而形成的矿物，如透长石转变为正长石
他生矿物或混染矿物	岩浆同化围岩而形成的难以分析出的矿物，如红柱石
次生矿物	岩浆在表生作用下形成的新矿物，又称表生矿物，如长石在表生作用下形成的黏土矿物等

造岩矿物按其颜色的深浅程度可划分为两大类，即深色矿物和浅色矿物。深色矿物是指其化学成分中富含镁、铁等成分，SiO_2 含量较低，故又称为铁镁矿物，常见的深色矿物有橄榄石、辉石、角闪石、黑云母；浅色矿物是指其化学成分中 SiO_2 及 Al_2O_3 较高，不含铁、镁等成分，故又称为硅铝矿物，常见的浅色矿物主要包括斜长石、钾长石、正长石、白云母、高岭石、滑石、石英等。

依据岩浆岩的分类可知，不同的 SiO_2 含量代表了不同物质成分。其中，超基性岩几乎全由暗色矿物组成(橄榄石、辉石、角闪石)，浅色矿物很少，即富含铁、镁成分，SiO_2 含量较低；基性岩主要由暗色矿物(辉石为主，可见橄榄石、黑云母、角闪石)和基性斜长石组成；中性岩以角闪石和斜长石为主，可见辉石、黑云母及少量石英；酸性岩以黑云母、石英、斜长石、钾长石为主，可见角闪石；中碱性岩以角闪石、正长石、斜长石为主，黑云母次之。

2.1.3 岩浆岩的结构

岩浆岩的结构是指岩石中矿物的结晶程度、颗粒的形状与大小及矿物之间的相互关系，是矿物的个体特征。因此，岩浆岩的结构划分主要按照其结构要素来划分，即按照矿物的结晶程度、矿物颗粒形状、矿物颗粒大小、矿物之间相互关系四个方面来划分。

(1)岩浆岩的结构按照矿物的结晶程度可以划分为全晶质结构和玻璃质结构。其中，全晶质结构又分为显晶质和隐晶质结构(表 2-3)。

表 2-3　按矿物结晶程度划分一览表

类型	全晶质		玻璃质
	显晶质	隐晶质	
特征	岩石全部由结晶矿物组成，用肉眼或放大镜可分辨矿物	岩石全部由结晶矿物组成，在显微镜下才可分辨矿物颗粒	岩石中的矿物在肉眼和显微镜下不能分辨矿物颗粒
形成条件	侵入作用，常见于侵入岩	形成于喷出环境，多见于喷出岩	矿物结晶速度快
区别	岩石断面粗糙，矿物颗粒清楚，能区别出矿物成分	岩石断面平整，不能分辨出具体矿物成分	岩石断面光滑，呈玻璃或油脂光泽，常见贝壳状断口

(2)矿物颗粒形状特点包括矿物的自形程度和结晶习性。自形程度是指矿物晶面发育的完善程度。因此，岩浆岩的结构按照矿物颗粒的形状可以划分为自形晶、半自形晶和他形晶三类(表 2-4)。

表 2-4　按矿物颗粒形状划分一览表

类型	特点
自形晶	晶形发育完整，一般形成全自形粒状结构
半自形晶	晶形发育不完整，一般形成半自形粒状结构
他形晶	所有晶面都不发育，一般形成他形粒状结构

(3)岩浆岩的结构按照矿物颗粒的绝对大小(粒度直径)和相对大小可以划分的类型见表 2-5。

表 2-5　按矿物颗粒大小划分一览表

类型			特征
显晶质结构	按矿物颗粒的绝对大小	粗粒结构	颗粒直径＞5 mm
		中粒结构	颗粒直径 1～5 mm
		细粒结构	颗粒直径 0.1～1 mm
		微粒结构	颗粒直径＜0.1 mm
	按矿物颗粒的相对大小	等粒结构	同种矿物颗粒大小大致相等
		不等粒结构	同种矿物颗粒大小不等，粒径由大到小连续性降低
		斑状结构	矿物颗粒大小不同，大的为斑晶，小的为基质，基质为微晶质、隐晶质或玻璃质
		似斑状结构	矿物颗粒大小不同，大的为斑晶，小的为基质，基质为显晶质

(4)岩石中矿物组分之间的相互关系是指矿物颗粒之间的相互关系和矿物与火山玻璃之间的相互关系，岩浆岩的结构按照矿物之间相互关系可以划分的类型见表 2-6。

表 2-6　按矿物组分间相互关系划分一览表

类型		特点
交生结构	文象结构	许多石英往往呈一定的外形(如尖棱形、象形文字形等)，有规律地镶嵌在钾长石中
	条纹结构	钾长石和斜长石有规律的交生，其中，斜长石在钾长石中呈条纹称为正条纹长石；反之，则称为反条纹长石
	蠕虫结构	许多细小的形似蠕虫状的石英穿插生长在长石中
反应结构	反应边结构	早生成的矿物与熔浆发生反应，当这种反应不彻底时，在早生成的矿物外圈，形成另一种成分完全不同的新矿物，完全或局部包围早结晶的矿物，这种结构称为反应边结构
	环带结构	主要见于斜长石，完整的斜长石晶粒由不同成分环带组成
	包含结构	较大的矿物颗粒中包含许多较小的矿物颗粒
	填隙结构	斜长石微晶所组成的间隙内，充填辉石等暗色矿物

2.1.4 岩浆岩的构造

岩浆岩的构造是指组成岩石中的不同的矿物颗粒的集合体分布、排列及其相互关系的总体外貌特征，是矿物的组合特征。常见岩浆岩的构造有如下几种。

1. 块状构造

块状构造是指矿物在岩石中分布均匀、致密，岩石无空洞、无一定的排列方向，常见于深成侵入岩，如花岗岩。

2. 流纹构造

流纹构造是指岩石中不同成分的颜色条带或拉长的气孔平行排列，气孔拉长的方向代表熔岩流动的方向，多形成于岩浆喷出地表迅速冷凝而成的岩石中。

3. 气孔构造

气孔构造是指岩浆喷出地表，熔岩冷凝时，尚未逸出的气体被保留在岩石中形成大小不等的空洞，多见于喷出岩。

4. 杏仁构造

杏仁构造是指气孔构造被后期的矿物所充填时，多见于喷出岩。

2.1.5 常见岩浆岩的鉴定

岩浆岩种类繁多，现有的已达千余种。不同类型的岩浆岩其物质组成、结构构造存在某种联系但也具有一定差异，正确认识这些联系和差异，是鉴定岩浆岩的基础。

2.1.5.1 深成侵入岩

1. 花岗岩

花岗岩属于酸性深成岩，是分布最广的深成岩类，其分布面积占深成侵入岩面积的80%以上。主要由正长石、斜长石、石英组成，同时，含有少量的黑云母或角闪石。一般情况下多呈现肉红色、灰白色、白灰色等，具有黑色斑点。

花岗岩按所含矿物种类可分为黑云母花岗岩、白云母花岗岩、角闪花岗岩、二云母花岗岩、二长花岗岩、斜长花岗岩等；按结构构造可分为细粒花岗岩、中粒花岗岩、粗粒花岗岩、斑状花岗岩、似斑状花岗岩、晶洞花岗岩及片麻状花岗岩和黑金沙花岗岩等；按所含副矿物可分为含锡石花岗岩、含铌铁矿花岗岩、含铍花岗岩、锂云母花岗岩、电气石花岗岩等。

花岗岩是一种分布广泛的岩石，各个地质时代都有产出，产出形态多为岩基、岩株、岩钟等。常见为半自形粒状结构(暗色矿物晶形较好，斜长石次之，石英为他形充填)，也称之为花岗结构、斑状、似斑状、细至粗粒结构，块状构造。

花岗岩质地坚硬，岩石密度为2 790～3 070 kg/m^3，抗压强度为1 000～3 000 kg/cm^2，弹性模量为(1.3～1.5)×10^6 kg/cm^2，吸水率为0.13%，难被酸碱或风化作用侵蚀，常被用作建筑物的材料。花岗岩不易风化，颜色美观，外观色泽可保持百年以上，由于其硬度高、耐磨损，除用作高级建筑装饰工程、大厅地面外，还是露天雕刻的首选之材。

2. 正长岩

正长岩属中性深成侵入岩。一般呈浅灰色、肉红色、灰黄色或灰白色，具中粒、等粒状、斑状结构，块状构造。其产出形态多为小型，依所含暗色矿物种类分为黑云母正长岩、角闪石正长岩和辉石正长岩等。

3. 闪长岩

闪长岩是中性深成岩的典型代表岩石。主要由中性斜长石、普通角闪石组成，有时也含有少量的辉石、黑云母、石英和正长石。闪长岩一般颜色较深，呈深灰色或浅绿色，带深绿斑点的灰色。结构多半为半自形粒状、斑状结构(闪长玢岩)，斜长石晶形一般较好，呈板柱状，矿物颗粒均匀，多为块状构造或条带状构造。根据石英含量和暗色矿物种类，又可分为闪长岩、石英闪长岩、辉石闪长岩。

闪长岩干燥抗压强度为130～200 MPa，饱和抗压强度为100～160 MPa，抗弯强度为10～25 MPa，体积密度为2.85～3.00 g/cm^3，吸水率为0.4％。

闪长岩往往具有独特的风格而被用作外墙饰面石材、碑石或常用作高速公路、一级公路的沥青表面层的抗滑、耐磨石料等。

4. 辉长岩

辉长岩是基性侵入岩分布最广的一种岩石，主要矿物成分为辉石(普通辉石、透辉石、紫苏辉石等)和富钙斜长石，两者含量近于相等。次要矿物为橄榄石、角闪石、黑云母、石英、正长石和铁的氧化物等。暗色矿物和浅色矿物含量近于相等，前者略高，故呈暗黑色，具中至粗粒结构，典型辉长岩具辉长结构。辉长岩产于各种构造环境，常构成大小不等的岩盆、岩盖、岩床侵入体，与成分相近的浅成辉绿岩岩墙、岩床紧密伴生。辉长岩是良好的建筑材料，常伴有铜、镍、钒、钛、铁等主要矿产。

5. 橄榄岩

橄榄岩是一种呈橄榄绿色、富含镁的超基性岩石，主要矿物成分是橄榄石和辉石，次要矿物有角闪石、黑云母等，偶见斜长石，不含石英，无长石或长石含量甚少(＜10％)。颜色呈深绿色，具粒状结构、反应边结构、包含结构、海绵陨铁结构。

橄榄石是划分橄榄岩的主要依据，根据橄榄石的含量分，橄榄岩可划分为纯橄榄岩、橄榄岩和辉石岩等。根据辉石的性质，橄榄岩可细分为单辉橄榄岩、二辉橄榄岩、方辉橄榄岩和橄榄单辉辉石岩、橄榄二辉辉石岩、橄榄方辉辉石岩等。橄榄岩宝石矿床具有很高的经济价值，纯净、透明、无裂纹，具有橄榄绿色的橄榄石可作为宝石。橄榄岩常伴有铬、镍、钴、铂、石棉、滑石等主要矿产。

6. 辉岩

辉岩是岩浆岩的一种，属超基性岩，是辉石含量大于90％的区域变质岩石，常与橄榄岩共生，颜色多为黑色、黑灰色，主要由透辉石或(和)紫苏辉石组成，可含少量普通角闪石、石榴子石、斜长石、石英、磁铁矿等，有时还可含少量黑云母。一般具中粗粒变晶结构和块状构造。通常呈透镜体或夹层产出，主要是超基性岩经中高级变质作用的产物。

2.1.5.2 浅成侵入岩

1. 花岗斑岩

花岗斑岩属于酸性浅成岩，一般为深灰，泛红色，斑状结构，基质隐晶质结构，块状构造，主要矿物组成为钾长石、石英，有时也有黑云母和角闪石。花岗斑岩与斑状花岗岩不同，后者具有似斑状结构，属花岗岩的一种；而花岗斑岩则具斑状结构，不是花岗岩而是浅成岩，只是与它成分相当。花岗斑岩通常以小岩株、岩瘤、岩盘、岩墙产出，或作为同期晚阶段的侵入体穿插于大花岗岩岩体中。

2. 正长斑岩

正长斑岩属中性浅成侵入岩，矿物成分同正长岩，多为浅灰、肉红色、灰白色、棕灰色或淡红色，斑状结构，斑晶多为正长石，其次为斜长石、角闪石、黑云母等，基质为斜长石，微晶或微晶结构，块状构造。

3. 闪长玢岩

闪长玢岩是中性浅成侵入岩，矿物成分与闪长岩相似，一般呈现灰绿色或灰色，斑状结构或似斑状结构，斑晶主要为斜长石和角闪石，偶见黑云母，基质为斜长石，呈细粒或隐晶质结构，块状构造。

4. 辉绿岩

辉绿岩是基性浅成侵入岩，矿物成分与辉长岩相似，一般呈现出暗绿色、黑绿色或深灰色，全晶质细粒、等粒结构或致密隐晶质结构、块状构造，有时呈气孔或杏仁构造。

5. 伟晶岩

伟晶岩是一种酸性浅成侵入岩，主要是指与一定的岩浆侵入体在成因上有密切联系、在矿物成分上相同或相似，由特别粗大的晶体所组成并常具有一定内部构造特征的规则或不规则脉状体。因其经常含有大粒晶体而得名，具有粗粒或巨粒结构，粒径通常超过50 mm，晶体最大可以达到数米甚至十米以上。其矿物成分主要为石英、长石和白云母，呈肉红色或灰白色，常呈脉状产出，伟晶结构或文象结构、块状构造，有时具带状构造。

6. 细晶岩

细晶岩为酸性浅成侵入岩，几乎不含有深色矿物，一般呈白色、灰白色、黄白色或肉红色，主要成分为长石和石英，全晶质细粒等粒结构或具典型的细晶结构、块状构造。常见类型包括花岗细晶岩、闪长细晶岩、辉长细晶岩、钠长细晶岩、斜长细晶岩等。

7. 蝗斑岩

煌斑岩为细粒致密块状基性浅成脉岩，通常颜色较深，暗绿色、黑褐色或黑色，细粒斑状结构，含有由暗色矿物组成的斑晶，基质的成分与斑晶相同或为斜长石，细粒或隐晶质结构、块状构造，矿物成分以暗色矿物为主，包括黑云母、角闪石、辉石。

2.1.5.3 喷出岩

1. 流纹岩

流纹岩是典型的酸性喷出岩，一般呈浅灰色、粉红色或砖红色，少见紫色、灰黑色、绿色，具斑状结构(斑晶为钾长石和石英)、隐晶质结构或玻璃质结构，块状构造或流纹构造，矿物成分与花岗岩相似。

2. 粗面岩

粗面岩是中性火山喷出岩的一种，一般呈粉红色、淡红色或浅灰色，矿物成分以长石为主，含少量黑云母、角闪石，斑状或似斑状结构，斑晶主要为钾长石，呈长条形微晶，基质成分与斑晶相同，微晶或玻璃质结构，块状、气孔状或杏仁状构造，偶见流纹构造。

3. 安山岩

安山岩是中性喷出岩的一种，一般呈紫色、深灰色、红褐色或淡黄色，主要矿物成分为斜长石(浅色矿物)、辉石、角闪石、黑云母(暗色矿物)等，斑状结构，斑晶为斜长石，基质为隐晶质或玻璃质，块状构造，有时为气孔或杏仁状构造。

4. 玄武岩

玄武岩是基性喷出岩的一种，常呈深灰色、红褐色、灰绿色或黑色，矿物成分与辉长岩相似，多为隐晶质结构或全晶质细粒等粒结构，偶见斑状结构，块状、气孔、杏仁状构造。

2.1.5.4 火山碎屑岩

火山碎屑岩是指火山活动时，由火山爆发作用产生的火山碎屑物质，于火山口附近就近堆积或在空气、水介质中搬运、降落、沉积而后固结所形成的岩石。火山碎屑岩按其物质组分和结构不同，可分为火山碎屑[包括岩屑、晶屑、玻璃质屑、浆屑、火山渣(粒径＞10 mm)]、火山块(直径＞100 mm)、火山弹(粒径＞50 mm)、火山砾(直径 2～50 mm)和火山灰(直径＜2 mm)。

火山碎屑岩依据其成因可以划分为火山熔岩类(集块熔岩、角砾熔岩、凝灰熔岩)、正常火山碎屑岩类(集块岩、火山角砾岩、凝灰岩)、火山—沉积碎屑岩类(沉集块岩、沉火山角砾岩、沉凝灰岩)。

2.1.6 岩浆岩的鉴定实验

1. 实验目的

(1)通过观察认识常见的代表岩石，学习肉眼鉴定岩浆岩的方法。

(2)了解和熟悉岩浆岩的结构、构造及它们与岩浆岩侵入作用和喷出作用的关系。

(3)了解观察岩浆岩的一般方法，分析岩浆的矿物成分、颜色、结构、构造等。

(4)掌握岩浆岩的分类及代表性的岩石。

2. 实验用品

小刀、放大镜、稀盐酸、岩浆岩标本(玄武岩、安山岩、流纹岩、辉绿岩、闪长玢岩、花岗斑岩、辉长岩、闪长岩、花岗岩)。

3. 实验内容

(1)确定常见岩浆岩的主要矿物成分。

(2)学会肉眼鉴定岩浆岩的颜色。

(3)确定常见岩浆岩的结构。

(4)确定常见岩浆岩的构造。

4. 实验报告

详细观察和对比常见岩浆岩，对颜色、岩石矿物成分、结构、构造认真鉴定，并将实验结果填入表2-7的实验报告中。

表2-7 岩浆岩鉴定实验报告

<table>
<tr><td>课程名称</td><td></td><td>姓名</td><td></td></tr>
<tr><td>实验名称</td><td></td><td>学号</td><td></td></tr>
<tr><td>任课教师</td><td></td><td>专业</td><td></td></tr>
<tr><td>实验教师</td><td></td><td>班级</td><td></td></tr>
<tr><td>实验日期</td><td></td><td>成绩</td><td></td></tr>
<tr><td>实验目的</td><td colspan="3"></td></tr>
<tr><td>实验用品</td><td colspan="3"></td></tr>
<tr><td>实验方法</td><td colspan="3"></td></tr>
<tr><td>实验内容</td><td colspan="3"></td></tr>
</table>

标本编号	岩石名称	颜色	矿物成分	结构	构造	备注

2.2 沉 积 岩

2.2.1 沉积岩的定义

沉积岩是指在地壳表层常温条件下，由风化产物、深部来源物质、有机物质含量及少量宇宙物质经搬运、沉积和成岩等一系列地质作用而形成的层状岩石。沉积岩在地表分布较广，占陆地面积的 75%，且几乎覆盖全部海底，但其体积仅占岩石圈的 5%，故在地表沉积岩是最常见的一类岩石。因此，研究沉积岩及其基本鉴定特征具有重要的意义。

2.2.2 沉积岩的颜色及物质成分

1. 沉积岩的颜色

颜色是沉积岩最醒目的标志，它反映了沉积岩的物质成分及其地质成因。按照成因沉积岩的颜色可分为原生色、次生色。其中，原生色又分为继承色和自生色。

(1)继承色。继承色取决于碎屑物质的颜色，常为碎屑岩所具有，如长石砂岩常呈肉红色是因碎屑长石是浅红色，而长石是花岗岩中的长石机械破碎后沉积成岩作用而成，故称之为继承色。

(2)自生色。主要是沉积和成岩阶段形成自生矿物的颜色，为大部分黏土岩、化学岩和部分碎屑岩所具有的颜色，如炭质页岩为黑色、铁质页岩为红褐色等。

(3)次生色。是指岩石在风化作用过程中，原生色发生次生变化而形成的颜色。

2. 沉积岩的物质成分

沉积岩的物质成分主要包括岩石碎屑、矿物成分及胶结物质等基本类型。岩石碎屑主要为风化作用后的岩石碎屑颗粒经搬运、沉积、成岩作用残留于岩体中的岩石碎屑颗粒；矿物成分主要为岩浆岩风化后的矿物；胶结物质为化学风化形成的黏土物质胶结于岩石中。组成沉积岩的物质有 160 多种，但常见的约 20 种，各类沉积岩的物质成分主要如下：

(1)碎屑岩。主要由岩石碎屑、矿物成分及胶结物质组成，其中，矿物碎屑以石英、长石及白云母为主，橄榄石、辉石、角闪石基本没有，胶结物质以碳酸钙、氧化硅、氧化铁、泥质胶结物为主。

(2)泥质岩。主要由化学风化的黏土矿物组成，如高岭石。胶结物质包括粉砂质、碳质、钙质、硅质等。

(3)化学及生物岩。主要由碳酸盐(方解石、白云石)、硫酸盐(石膏)及含铁、铝、锰、硅的氧化物及氢氧化物等组成。

2.2.3 沉积岩的结构

沉积岩的结构是指组成沉积岩岩石成分的颗粒形态、大小及胶结特性，其结构随着岩石的类型和成因而变化。根据沉积岩的形成方式可将沉积岩的结构类型划分为碎屑岩的结构类型、火山碎屑岩的结构类型、黏土岩的结构类型、化学岩或生物岩的结构类型等(表 2-8)。

表 2-8　沉积岩结构分类表

碎屑岩的结构类型		
划分依据	结构类型	特征
颗粒大小	砾　状	颗粒直径大于 2.0 mm
	砂　状	颗粒直径为 0.05～2.0 mm
	粉砂状	颗粒直径为 0.005～0.05 mm
	泥　质	颗粒直径小于 0.005 mm
火山碎屑岩的结构类型		
颗粒大小	集块结构	大于 100 mm 的颗粒含量超过 50%
	火山角砾结构	2～100 mm 的颗粒含量超过 50%
	凝灰结构	小于 2 mm 的颗粒含量超过 50%
黏土岩的结构类型		
颗粒大小及相对含量	砂泥质结构	含有 5%～25%砂粒时，称含砂泥质结构；砂粒达 25%～50%时，称砂泥质结构
	粉砂泥质结构	含有 5%～25%粉砂时，称含粉砂泥质结构；粉砂达 25%～50%时，称粉砂泥质结构
	泥质结构	几乎全由(大于 90%)0.01 mm 以下的细微质点组成
	植物泥质结构	含有植物碎屑的黏土岩。为黑色页岩、碳质页岩等富含有机质的黏土岩所常有的结构
组合形态	豆状结构	豆粒直径大于 2 mm，一般无同心圆结构
	鲕状结构	鲕粒直径一般小于 2 mm，鲕粒本身常具同心圆结构，同心圆中心常是生物碎屑或矿物碎屑
	砾状、角砾状结构	由黏土质沉积物受侵蚀作用所产生的碎屑又被黏土物质胶结而成

续表

化学岩或生物岩的结构类型		
化学结构	结晶结构	岩石主要由矿物晶粒组成，为各种化学岩及生物化学岩所具有，按颗粒大小还可分为粗粒、中粒、细粒、隐晶质(泥质)四种
	鲕状结构	常见于碳酸盐岩、铝质岩、铁质岩、锰质岩
	豆状结构	碳酸盐岩、铝质岩、铁质岩、锰质岩中的鲕体粒径大于 2 mm 的结构
生物结构	全贝壳结构	主要见于贝壳石英岩中，含大量生物，且较完整
	生物碎屑结构	大多见于石灰岩及铁、锰、硅质岩中，含大量生物，但不完整

2.2.4 沉积岩的构造

沉积岩的构造是指沉积岩各个组成部分的空间分布和排列方式，沿垂直方向观察这种层状构造可以发现，由于矿物成分、结构或颜色的不同而表现出成层性。根据其排列的特点，层理可划分为以下类型：

(1)水平层理和平行层理。若纹层呈直线状相互平行，并且平行于层面，则称为水平层理和平行层理。

(2)波状层理。若纹层呈对称或不对称的波状，总方向平行于层面，称为波状层理。

(3)交错层理或斜层理。若纹层斜交层面，斜层系呈彼此重叠、交错、切割的组合方式，称为交错层理或斜层理。

(4)块状层理。层内物质均匀，组分和结构无分异现象，不显示细层构造的层理。

(5)递变层理。具有粒度递变的一种特殊层理，即由底向上至顶部粒度由粗变细。

(6)韵律层理。其岩石成分、结构、颜色呈不同薄层有规律地简单重复出现。

(7)层面。岩层表面发育有波痕、泥裂、槽模、沟模等机械成因的各种不平坦的沉积构造痕迹、晶体印模、结核及生物成因的生物遗骸的现象。

2.2.5 常见沉积岩的鉴定

在沉积岩中，分布最广的是泥质岩、砂岩及碳酸盐岩，它们占到沉积岩总数的 98%左右，常见的沉积岩主要分述如下。

2.2.5.1 碎屑岩

1. 砾岩

砾岩是指直径在 2 mm 以上的碎屑(含量大于 50%)组成的岩石。砾岩具砾状结构，层理发育差，组成砾岩的砾石多为次圆状或圆状，物质组分主要是岩屑，只有少量矿物碎屑，填隙物为砂、粉砂、黏土物质和化学沉淀物质。

2. 角砾岩

角砾岩是指直径在 2 mm 以上的碎屑(含量大于 50%)组成的岩石，组成角砾岩的砾石带有棱角，分选情况一般不好或未经分选，多为搬运距离很近或未经搬运堆积而成。

3. 砂岩

砂岩是指由 0.05～2 mm 的碎屑(含量大于 50%)胶结而成的岩石。砂岩的矿物成分通常以石英颗粒为主，其次为长石、白云母、黏土矿物以及各种岩屑，具砂状结构，各类层理发育，根据粒级大小，砂岩可以分为粗粒砂岩(0.5～2 mm)、中粒砂岩(0.25～0.5 mm)、细粒砂岩(<0.25 mm)。

4. 石英砂岩

砂岩中石英颗粒含量占 90%以上称为石英砂岩。石英砂岩砂粒纯净，SiO_2 含量可达 95%以上，磨圆度高，分选性好，岩石常为白、黄白、灰白、粉红等色，具砂状结构，各类层理发育，是原岩经过长期破坏冲刷分选而成。

5. 长石砂岩

砂岩中主要由石英和长石颗粒组成，且长石颗粒含量一般在 25%以上的岩石。通常为粗粒或中粒，常呈淡红、米黄等色，碎屑多为棱角或次棱角状，胶结物多为碳酸盐或铁质，具砂状结构，各类层理发育。此种砂岩多为花岗岩类岩石经风化残积而成，或在构造上升地区强烈风化、迅速堆积而成。

6. 粉砂岩

粉砂岩是指由 0.005～0.05 mm 的碎屑胶结而成的岩石。粉砂岩矿物成分比较复杂，以石英为主，次为长石，并有较多的云母和黏土类矿物，显微镜下观察多具棱角，胶结物以铁质、钙质、黏土质为主，具粉砂状结构，各类层理发育。

7. 黄土

黄土是一种未充分胶结或半固结的黏土粉砂岩，一般呈黄灰色或棕色，粉砂含量一般为 40%～60%，其次为黏土，并含有 10%以下的砂粒。矿物成分以石英和长石为主，此外还有白云母、角闪石、辉石等，胶结物以黏土及 $CaCO_3$ 为主，多钙是黄土的重要特征之一。一般没有层理，但发育有直立节理，常形成峭壁。

8. 页岩

页岩是黏土岩(直径小于 0.005 mm 的微细颗粒，含量大于 50%)的一种，成分复杂，除黏土矿物(如高岭石、蒙脱石、水云母、拜来石等)外，还含有许多碎屑矿物(如石英、长石、云母等)和自生矿物(如铁、铝、锰的氧化物与氢氧化物等)，页状或薄片状层理，泥质结构，无吸水性和可塑性。

9. 泥岩

泥岩是一种厚层状、致密、层理或页理不发育的黏土岩，矿物成分复杂，主要由黏土矿物(如水云母、高岭石、蒙脱石等)组成，其次为碎屑矿物(石英、长石、云母等)、后生矿物(如绿帘石、绿泥石等)及铁锰质和有机质，泥质结构。泥岩常见类型有含粉砂泥岩、粉砂质泥岩、钙质泥岩、硅质泥岩、铁质泥岩、炭质泥岩、锰质泥岩等。

10. 黏土

黏土是指主要由黏土矿物组成、固结程度较差的黏土岩。黏土细腻质软，颜色浅淡为主，泥质结构，具吸水性、可塑性、吸收性、耐火性、烧结性等一系列特点，是陶瓷工业、耐火材料工业的重要原料。按其结构分为高岭石黏土、蒙脱石黏土、伊利石黏土及绿泥石黏土，分布较多的为高岭石黏土，简称高岭土。

2.2.5.2 火山碎屑岩

1. 火山集块岩

火山集块岩是指火山喷发碎屑由空中坠落就地沉积或经一定距离的流水冲刷搬运沉积，且颗粒直径大于 64 mm(如熔岩碎块等)占 50%以上的岩石。熔岩碎块带棱角或经搬运磨圆，填充物和基质为熔岩、火山灰、泥砂、钙质、硅质等，质地较坚硬，分选性一般不好，层理不清，一般呈厚层和块状层，常形成高山。根据岩石中熔岩碎块的成分，可以命名为安山集块岩、流纹集块岩等。

2. 火山角砾岩

火山角砾岩是指由粒径为 2～64 mm 的熔岩碎块组成或角砾含量 50%以上的岩石，常含其他岩石的角砾，多数具明显棱角，分选差，大小不等，填充物和基质为熔岩、火山灰或泥砂等，也可以是钙质、硅质等。根据角砾成分可命名为流纹角砾岩、安山角砾岩、玄武角砾岩等。

3. 凝灰岩

凝灰岩是指由粒径小于 2 mm 的火山灰(岩屑、晶屑、玻屑)及火山碎屑等(含量 50%以上)固结而成的岩石。一般呈黄、灰、白、棕、紫等不同颜色，分选性差，碎屑多具棱角，岩石具粗糙感，层理清楚。根据碎屑成分可分为玻屑凝灰岩、晶屑凝灰岩、岩屑凝灰岩、混合型凝灰岩等。

2.2.5.3 化学岩及生物化学岩

1. 铝土岩

铝土岩又称铝矾土，主要由三水铝石、软水铝石和硬水铝石等组成，常含有 SiO_2、Fe_2O_3 等物质。铝土岩岩性致密，硬度和比重较大，没有可塑性。一般呈致密块状、鲕状或豆状结构，因含杂质不同，颜色有白、灰、黄等，主要由铝硅酸盐矿物化学风化分解后形成的氧化铝经搬运在海、湖盆中沉积而成，是炼铝的主要原料。

2. 铁质岩

铁质岩为富含铁矿物的化学岩或生物岩。主要矿物成分有赤铁矿、褐铁矿、菱铁矿等。常混入砂质、黏土、硅质等，致密块状、鲕状、豆状或肾状结构。含铁在30%以上即可称为铁矿。

3. 锰质岩

锰质岩为富含锰矿物的沉积岩，一般含锰20%以上即成锰矿。物质成分以软锰矿、硬锰矿、菱锰矿等为主，常混入砂、黏土、氧化铁、二氧化硅等杂质，多呈黑、黑褐、黑紫等色。

4. 燧石岩

燧石岩俗称“火石”，是一种致密坚硬的硅质岩石。主要矿物成分为玉髓、微粒石英、蛋白石等，常为浅灰至黑灰色，主要产于石灰岩中，形成燧石结核、不规则团块或燧石条带，很少成为独立稳定的岩层。

5. 碧玉岩

碧玉岩是致密坚硬的硅质岩石，主要矿物成分为玉髓、细粒石英，常混入氧化铁等，呈红、棕、绿、玫瑰等色，其性质和燧石岩基本相同。

6. 硅藻土

硅藻土是疏松粉状的硅质岩石，由硅藻遗体组成，硅藻含量可达70%～90%，主要成分为蛋白石，常和黏土或碳酸盐混在一起，呈白或浅黄色，质轻而软，孔隙度可达90%左右，吸附力很强，是良好的吸附剂，可作炼油、制糖的吸附剂和净化剂，也是优良的隔声、隔热材料。

7. 磷块岩

通常把含 P_2O_5 大于5%～8%的岩石统称为磷块岩或磷质岩，一般呈砂状结构、泥状结构等。

8. 石灰岩

石灰岩主要由方解石组成，常呈灰或灰白色、灰黑、黑、浅红、浅黄等颜色，性脆，硬度不大，小刀能刻动，滴盐酸剧烈起泡，一般较致密，断口呈贝壳状，根据结构和成因呈现不同类型，如竹叶状灰岩(砾屑灰岩)、生物碎屑灰岩、鲕状灰岩(鲕粒灰岩)、化学石灰岩及结晶灰岩等。由于石灰岩易溶，在石灰岩发育地区常形成石林、溶洞等，所以称为喀斯特地貌。石灰岩是制作石灰、水泥的主要原料及冶炼钢铁的熔剂。

9. 白云岩

白云岩是指以白云石为主要组分(50%以上)的碳酸盐岩。常混入方解石、黏土矿物、石膏等杂质，外貌与石灰岩相似，但硬度略大，较坚韧，滴稀盐酸(5%)不起泡或微弱发泡，根据结构组分可将其划分为碎屑白云岩、微晶白云岩、结晶白云岩等。而按成因可将其分为原生白云岩、交代白云岩(或次生白云岩)等。

10. 泥灰岩

石灰岩中泥质(黏土)成分增加到25%～50%，即可称为泥灰岩。若白云岩中泥质(黏土)成分增加到25%～50%，则称为泥云岩。泥灰岩岩石致密，呈微粒或泥状结构，黄、灰、绿、紫等色，加冷盐酸起泡(泥云岩起泡微弱或不起泡)，并有泥质残余物出现。

11. 蒸发盐岩

蒸发盐岩是指由钾、钠、钙、镁等卤化物及硫酸盐矿物为主要组分的纯化学沉积岩，又称为盐类岩。蒸发盐岩形成于干燥气候条件下，由海、湖水分强烈蒸发致使卤水浓度增大使得盐类结晶析出的。常见的物质成分有石盐、钾石盐、石膏、硬石膏、芒硝等，混入物有黏土、碎屑物，以及方解石、白云石、氧化铁凝胶等。

12. 可燃有机岩

可燃有机岩是由各种生物(动物、植物)堆积，经过复杂变化所形成的，含有可燃性有机质的一类沉积岩。其按照成分可分为两类：一类是碳质可燃有机岩，包括煤、褐炭、泥炭等；另一类是沥青质可燃有机岩，化学成分以碳氢化合物为主，包括石油、天然气、地蜡、地沥青等。

2.2.6 沉积岩的鉴定实验

1. 实验目的

(1)通过观察认识沉积岩的主要特征，认识一些常见的沉积岩。

(2)学习沉积岩的肉眼鉴定方法，观察沉积岩的一般特征。

(3)认识常见沉积岩的结构与构造。

(4)认真描述各类沉积岩的代表性岩石，将观察结果填在实习报告表中。

2. 实验用品

小刀、放大镜、稀盐酸、沉积岩标本(砾岩、角砾岩、砂岩、粉砂岩、页岩、石灰岩、白云岩)。

3. 实验内容

(1)确定沉积岩的颜色。

(2)分析沉积岩的物质成分。

(3)确定沉积岩的结构。

(4)确定沉积岩的构造。

4. 实验报告

详细观察和对比常见沉积岩，对颜色、物质成分、结构、构造认真鉴定，并将实验结果填入表2-9的实验报告中。

表 2-9 沉积岩鉴定实验报告

课程名称		姓名	
实验名称		学号	
任课教师		专业	
实验教师		班级	
实验日期		成绩	
实验目的			
实验用品			
实验方法			
实验内容			

标本编号	岩石名称	颜色	物质成分	结构	构造	备注

2.3 变　质　岩

2.3.1 变质岩的定义

地壳中的岩石(岩浆岩、沉积岩、变质岩)由于地壳运动和岩浆活动等造成物理、化学条件的变化，使原来岩石的成分、结构、构造发生一系列改变而形成的岩石称之为变质岩。这种促使岩石发生各种物理、化学条件变化的地质作用为变质作用。变质岩具有两个方面的特点：其一，变质岩受原岩控制而具有一定的继承性；其二，由于变质作用类型和程度不同，而在矿物成分、结构及构造上具有新的特征。

变质岩在我国分布很广，从前寒武纪至新生代都有变质岩的形成，但多数分布在古老的结晶地块和构造活动带中。

2.3.2 变质作用的类型

根据变质作用的地质成因和变质作用的方式不同，变质作用可以划分为以下几种类型。

1. 动力变质作用

动力变质作用是指岩层由于受到构造运动所产生强烈的应力作用，使岩石及其组成矿物发生变形、破碎，并常伴有一定程度的重结晶作用，这种变质作用称为动力变质作用。由动力变质作用形成的岩石为动力变质岩，主要包括断层角砾岩、碎裂岩、糜棱岩、千枚糜棱岩。

2. 热接触变质作用

热接触变质作用是指由岩浆体散发的热量，使接触带围岩产生变质的现象，其主要特点为原岩发生重结晶和变质反应，而化学成分没有显著变化，如石灰岩变为大理岩、石英砂岩变为石英岩等。由热接触变质作用形成的岩石一般包括石英岩、角页岩、大理岩。

3. 接触交代变质作用

接触交代变质作用是指岩浆结晶晚期析出大量挥发成分或热液，通过交代作用使接触带附近的侵入体和围岩的岩性和化学成分均发生变化的一种变质作用。由接触交代变质作用形成的岩石主要为矽卡岩。

4. 气液变质作用

气液变质作用是指具有化学活动性的气态或液态溶液，对岩石进行交代而使岩石发生变质的一种作用。

5. 区域变质作用

区域变质作用泛指在广大面积内发生的变质作用，其往往与地壳活动、构造运动及岩浆活动等密切相关。区域变质带常见的岩石有石英岩、大理岩、板岩、千枚岩、片岩(云母片岩、绿色片岩、滑石片岩、蛇纹石片岩、角闪石片岩、蓝片石片岩)、片麻岩、角闪岩、变粒岩、麻粒岩、榴辉岩等。区域变质作用的物理条件具有很宽的范围，一般压力为 0～10^9 GPa、温度为 150 ℃～900 ℃，可以是高温高压、中温中压，也可以是高温低压、低温高压以及其他各种情况，而且可以具有不同的地温梯度。据此可将区域变质作用分为许多类型，其主要类型如下所述：

(1)区域中、高温变质作用。这种变质作用的温度一般为 550 ℃～900 ℃，压力一般为 0.5～1.0 GPa，形成岩石主要为各种片麻岩、麻粒岩、角闪岩、混合岩等，并主要见于太古宙岩层中。

(2)区域动力热流变质作用。区域动力热流变质作用又称为区域动热变质作用或造山变质作用。主要见于各大褶皱带(所谓造山带)，多呈长条带状分布，变质温度可以由低到高，高温可达到 700 ℃甚至达到 850 ℃，压力一般为 0.2～1.0 GPa。形成的变质岩石可以从深度到浅度变质，如从混合岩、片麻岩、片岩到千枚岩、板岩等。

(3)埋藏变质作用。埋藏变质作用又称为埋深变质作用、静力变质作用、负荷变质作用或地热变质作用。主要指沉积岩层(如地槽区)或火山沉积物随着地壳下沉和埋藏深度递增，在地热影响下引起的区域性变质作用。这种变质作用形成温度较低，最高可达 400 ℃～500 ℃，压力可以从低到高，所以，常形成低温低压的变质矿物如沸石类矿物，也可以形成低温高压的变质矿物，如蓝闪石等。此外，还可形成高温高压的榴辉岩。

(4)洋底变质作用。洋底变质作用是指大洋中脊附近的变质作用。大洋中脊是洋壳裂开、地下岩浆(主为玄武岩质)涌出、新洋壳生长的所在，它的下部具有速率较高的热流，而且其速率随深度而增加，使原有的玄武岩(包括辉长岩)发生变质。

2.3.3 变质作用的方式

变质作用的方式是指变质作用过程中，使得岩石矿物成分发生改变的机制，主要包括以下几种类型。

1. 重结晶作用

重结晶作用是指原岩中的矿物发生溶解、组分迁移、再沉淀结晶，致使矿物形状、大小变化，而无新矿物形成的作用，如石灰岩因方解石在变质作用过程中发生重结晶而变成大理岩。

2. 变质结晶作用

变质结晶作用是指变质作用过程中，原岩中的化学成分重新组合而形成新矿物的作用。

3. 交代作用

在变质作用过程中，由于流体运移，发生物质组分的带入、带出，引起组分的复杂置换作用，使原岩的化学成分发生改变，新矿物的形成与旧矿物的消失是同时进行的。

4. 变质分异作用

变质分异作用是指成分、结构、构造均匀的原岩，经变质作用致使矿物成分、结构构造不均匀的各种作用，即岩石中某些组分发生迁移和聚集形成的。

5. 变形和碎裂作用

变形和碎裂作用是指在应力作用下，由于应力超过了弹性限度，矿物和岩石就会出现塑性变形；而当其超过破裂强度时，则发生破裂，此外，还伴随重结晶，从而改变原岩的岩性。

2.3.4 变质作用形成的岩石

2.3.4.1 动力变质作用形成的岩石

1. 断层角砾岩

断层角砾岩又称为压碎角砾岩、构造角砾岩，是岩石因构造作用发生破碎所形成的角砾状岩石，角砾大小不等，具棱角，岩性与断层两侧岩石相同，并被成分相同的微细碎屑及后生作用(如水溶液中的物质)所胶结。

2. 碎裂岩

碎裂岩是指岩石受强烈应力作用，形成较小的岩石碎屑或矿物碎屑所组成的岩石，有时具新生的矿物，如绢云母、绿泥石等。

3. 糜棱岩

糜棱岩是指岩石遭受强烈挤压形成粒度较小的矿物碎屑(一般小于0.5 mm)所组成的岩石。主要矿物为细粒石英、长石及少量新生矿物如绢云母、绿泥石等，多见于花岗岩、石英砂岩等坚硬岩石的断裂构造带。

4. 千枚糜棱岩

千枚糜棱岩与糜棱岩相同，为塑性变形作用的结果，矿物颗粒细小，以石英、长石为主，形成绢云母、绿泥石、钠长石、绿帘石、方解石等。

2.3.4.2 接触变质作用形成的岩石

1. 石英岩

石英岩是指石英含量大于85%的变质岩石，由石英砂岩或硅质岩经热变质作用而形成。矿物成分除石英外，还可含少量长石、白云母及其他矿物，坚硬致密，具等粒变晶结构，块状构造，在断口上看不出石英颗粒界限，纯石英岩色白，含铁质者则呈红、紫红等色，或具铁矿斑点，可作为建筑材料和玻璃原料。

2. 角岩

角岩又称为角页岩，是由泥质岩石(黏土岩、页岩等)、粉砂岩、火山岩等经热接触变质作用而成的变质岩，原岩已基本上重结晶，细粒变晶结构，块状构造，致密坚硬，一般为灰、灰黑和近于黑色，矿物成分有长石、石英、云母、角闪石等。

3. 大理岩

大理岩是由碳酸盐岩(石灰岩、白云岩等)经热接触变质作用重结晶而成的岩石。等粒变晶结构(由细粒到粗粒)，块状构造，白、浅灰、浅红等色，遇盐酸起泡，如原来岩石中含有杂质，重结晶后的大理岩中可含有形成的新矿物，如蛇纹石、硅灰石、金云母等，纯白而致密的大理岩通称为汉白玉。

4. 矽卡岩(夕卡岩)

矽卡岩主要形成于中、酸性侵入体与碳酸盐岩的接触带，在热接触变质作用的基础上和高温汽化热液影响下，经交代作用所形成的一种变质岩石。矿物成分比较复杂，主要有石榴子石、透辉石、硅灰石、绿帘石等，有时出现黄铜矿、黄铁矿、方铅矿、闪锌矿等矿物，具不等粒粒状变晶结构，晶粒一般比较粗大，块状构造，颜色较深，常呈暗褐、暗绿等色，比重较大。矽卡岩有重要的实际意义，常和许多金属矿与非金属矿密切相关。

2.3.4.3 区域变质作用形成的岩石

1. 石英岩

区域变质作用下也可形成石英岩，但成分稍复杂，具块状或条带状构造。

2. 大理岩

在区域变质带也常见大理岩，但后者往往具条带状构造，含蛇纹石、石墨和其他副矿物成分，云南大理所产最为有名，大理岩即由此得名。

3. 板岩

板岩是由黏土岩、粉砂岩或中酸性凝灰岩经轻微变质而成的浅变质岩。变余泥质或粉砂质结构，具明显板状构造，矿物成分基本没有重结晶或只有部分重结晶，外表呈致密隐晶质，肉眼难以鉴别。在板理面上略显丝绢光泽，岩石致密，比原岩硬度增高，敲之可有清脆响声。根据颜色和杂质可以分别称为黑色炭质板岩、灰绿色钙质板岩等。

4. 千枚岩

千枚岩是指具典型千枚状构造的浅变质岩石，由黏土岩、粉砂岩或中酸性凝灰岩经低级区域变质而成，一般呈绿、灰、黄、黑、红等颜色，变质程度比板岩稍高，原岩成分基本上已全部重结晶，主要由细小绢云母、绿泥石、石英、钠长石等新生矿物组成。具细粒鳞片变晶结构，片理面上有明显的丝绢光泽，并常具千枚状或皱纹构造。

5. 片岩

片岩是指具明显鳞片状变晶结构和片状构造的岩石。主要由片状或柱状矿物，如云母、绿泥石、滑石、石墨、角闪石等组成，并呈定向排列。片岩一般属于中级(部分低级)变质岩石，变质程度比千枚岩高。根据组成片岩的主要矿物进行分类，如云母片岩、绿泥片岩、滑石片岩、蛇纹石片岩、角闪片岩、石英片岩、绿片岩、蓝闪石片岩等。

6. 片麻岩

片麻岩是指具明显片麻状构造的岩石。主要矿物成分为长石、石英(二者含量大于50%，而长石一般多于石英)等，片状和柱状矿物有云母、角闪石、辉石等，有时含矽线石、石榴子石等变晶矿物，变晶结构，具片麻状或条带状构造，属于变质程度较深的区域变质岩，原岩为黏土岩、粉砂岩、砂岩和中酸性火成岩等。根据岩石中长石种类和主要片状、柱状矿物，还可进一步命名，如角闪斜长片麻岩、黑云斜长片麻岩、黑云角闪斜长片麻岩、黑云钾长片麻岩等。

7. 角闪岩

角闪岩主要由普通角闪石(含量大于85%)和斜长石组成，由粗粒到细粒，多呈块状构造，岩石颜色较深。

8. 变粒岩

变粒岩一般为黏土岩、粉砂岩、中酸性火山岩及凝灰岩等经中级变质作用的产物，矿物成分以长石和石英为主，长石主要为钠长石、中酸性斜长石，暗色矿物一般少于30%，主要为黑云母、普通角闪石、透闪石、电气石、磁铁矿等。具细粒、等粒变晶结构(粒度一般小于0.5 mm)，常具微细片理或条带状构造。粒度增大时可过渡为片麻岩，片状、柱状矿物(主要为暗色矿物)小于10%时，称为浅粒岩。

9. 麻粒岩

麻粒岩是在高温高压条件下形成的变质程度最深的区域变质岩。浅色矿物成分以斜长石为主，有时含有石英，暗色矿物为不含或基本不含水的矿物。具中粗粒花岗变晶结构，块状构造。暗色矿物含量若少于30%，称为浅色麻粒岩或酸性麻粒岩；其含量若大于30%(甚至可达80%～85%)，称为暗色麻粒岩或基性麻粒岩。

10. 榴辉岩

榴辉岩是一种典型的高压变质岩石。主要矿物成分为绿辉石和石榴子石，可含石英、蓝晶石橄榄石等，但不含长石。岩石颜色较深，粗粒不等粒变晶结构，块状构造。

2.3.4.4 区域混合岩化作用形成的岩石

1. 混合岩

混合岩是指由混合岩化作用形成的岩石，主要由基体和脉体两部分组成。基体指的是混合岩形成过程中残留的变质岩，是区域变质作用的产物，主要是斜长角闪岩、片麻岩、片岩、变粒岩等，具变晶结构和块状构造或定向构造。脉体是混合岩形成过程中处于活动状态的新生成的流体结晶部分，又称为活动物质，通常是花岗质、长英质、伟晶质和石英脉等。

2. 混合花岗岩

混合花岗岩是混合岩化作用最强烈的产物与花岗作用的最终产物，基体、脉体已无法分辨，其矿物成分相当于花岗岩或花岗闪长岩。混合花岗岩常与各种混合岩共生，一般无明确的界线，岩石中往往残留原岩的片理、片麻理等。

2.3.5 变质岩的物质成分

变质岩是指由原有的某种岩石(沉积岩、岩浆岩或变质岩)经过变质作用而形成的岩石，原岩为岩浆岩的经变质作用形成的岩石为正变质岩；原岩为沉积岩的经变质作用形成的岩石为副变质岩。组成变质岩的矿物一般有两大类：一类是与岩浆岩与沉积岩所共同有的矿物；另一类是变质岩特有的矿物。

(1)岩浆岩的主要矿物(石英、斜长石、钾长石、钠长石、云母、角闪石、辉石、黑云母、碳酸盐矿物)往往也是变质岩的主要矿物。

(2)沉积岩的典型矿物(黏土矿物、盐类)除方解石、白云石等以外，只能在浅变质时作为残余矿物存在。

(3)变质岩特有的矿物：低级变质作用形成的绢云母、绿泥石、红柱石、蛇纹石、滑石等；中级变质作用形成的云母、硬绿泥石、透闪石、阳起石、绿帘石、蓝晶石等；中高级变质作用形成的石榴石、透辉石、斜长石等；高级变质作用形成的矽线石及正长石等。

2.3.6 变质岩的结构

变质岩的结构是指岩石组分的形状、大小和相互关系。根据成因，变质岩的结构可划分为以下四大类型。

1. 变余结构

变余结构是指原岩在变质作用过程中，由于重结晶、变质结晶作用不完全，原岩特征被部分残留下来，这时的结构为变余结构。其命名一般在原岩的结构名称前加变余即可，属于低级变质，一般包含原岩为岩浆岩的变余结构，如变余斑状结构、变余花岗结构、变余辉绿结构；原岩为沉积岩的变余结构，如变余砾状结构、变余砂状结构、变余泥状结构。

2. 变晶结构

变晶结构是指岩石在固体状态下发生重结晶或变质结晶所形成的结构。根据变晶矿物的粒度、颗粒形状及其相互关系分类见表 2-10。

表 2-10　变晶结构分类表

<table>
<tr><th colspan="2">分类依据</th><th>类型</th><th>特征</th></tr>
<tr><td rowspan="7">根据变晶矿物的粒度</td><td rowspan="4">根据变晶矿物粒度的相对大小</td><td>等粒变晶结构</td><td>大部分主要矿物粒度大致相等</td></tr>
<tr><td>不等粒变晶结构</td><td>同种主要变晶矿物的粒度大小不等，呈连续变化</td></tr>
<tr><td>斑状变晶结构</td><td>粒度较细的矿物中，有显著较大的变晶矿物</td></tr>
<tr><td>粗粒变晶结构</td><td>主要矿物平均粒径大于 3 mm</td></tr>
<tr><td rowspan="3">根据变晶矿物粒度的绝对大小</td><td>中粒变晶结构</td><td>主要矿物平均粒径为 1～3 mm</td></tr>
<tr><td>细粒变晶结构</td><td>主要矿物平均粒径小于 1 mm</td></tr>
<tr><td>显微粒变晶结构</td><td>主要矿物平均粒径小于 0.1 mm</td></tr>
</table>

续表

分类依据	类型	特征
根据变晶矿物的颗粒形状	粒状变晶结构	变晶矿物呈近于等轴的颗粒
	鳞片变晶结构	变晶矿物呈两向延伸的鳞片状
	纤状变晶结构	变晶矿物呈一向延伸的长柱状、纤维状
根据变晶矿物的相互关系	包含变晶结构	较大的变晶矿物中包含细小的矿物颗粒
	筛状变晶结构	很多细小的颗粒呈现出了筛网状
	残缕结构	较大的变晶矿物中包裹的细小矿物颗粒做平行定向排列

3. 交代结构

原岩中原有的矿物被分解消失，形成新矿物，一般在显微镜下才可以看到，多见于高级变质岩中，主要分为六种类型，具体见表 2-11。

表 2-11　交代结构分类表

类型	特征
交代蚕食结构	交代矿物以不规则的外形伸入被交代矿物中
交代残留结构	新的交代矿物中残留了零星被交代的矿物
交代假象结构	原生矿物被新生的交代矿物完全取代，但仍保留原来矿物的形态、晶型
交代净边结构	发育于斜长石中，在其边缘可见洁净的钠长石边
交代穿孔结构	溶液沿原有矿物解理、裂隙交代形成液滴状的新生矿物
交代蠕虫结构	交代作用形成的蠕虫状结构

4. 碎裂结构

碎裂结构又称为压碎结构，是岩石在定向压力作用下，矿物颗粒破碎成外形不规则的棱角状碎屑，按照破裂程度可分为碎裂结构、碎斑结构和糜棱结构(表 2-12)。

表 2-12　碎裂结构分类表

类型	特征
碎裂结构	矿物颗粒发生裂隙、裂开并在颗粒的接触处被破碎成许多小碎粒，矿物的颗粒外形均呈现出不规则的棱角状、锯齿状，颗粒之间则为粒化作用形成的碎粒粉末
碎斑结构	当矿物破碎剧烈时，在粉碎的矿物颗粒中还残留了部分较大的矿物颗粒，很像斑晶，即为碎斑，其形状不规则，具撕碎状边缘
糜棱结构	矿物颗粒几乎全部破碎成微颗粒状，并发生了矿物的韧性流变现象，破碎的微粒呈明显的定向排列，形成明显的构造，其中残留了少量稍大的矿物碎片(常为石英、长石等)

2.3.7 变质岩的构造

变质岩的构造是指由岩石组分在空间上的排列和分布所反映的岩石构成方式，根据成因可划分为变余构造、变成构造和混合岩构造三大类(表 2-13)。

表 2-13　变质岩的构造

<table>
<tr><td rowspan="3">变余构造</td><td>变余层理构造</td><td>具有沉积岩的层理特征，成层明显</td></tr>
<tr><td>变余气孔(杏仁)构造</td><td>原岩为岩浆岩，具有气孔或者杏仁构造</td></tr>
<tr><td>变余流纹构造</td><td>不同颜色、拉长的气孔定排列，原岩为岩浆岩</td></tr>
<tr><td rowspan="5">变成构造</td><td>板状构造</td><td>具密集而平坦的破裂面，易分裂成薄板，如板岩</td></tr>
<tr><td>千枚状构造</td><td>结晶程度较板状构造强，肉眼不能分辨颗粒，裂开面较密集且有皱纹，具强烈丝绢光泽，如千枚岩</td></tr>
<tr><td>片状构造</td><td>表面可见云母、绿泥石或闪石类矿物定向排列，如云母片岩</td></tr>
<tr><td>片麻状构造</td><td>以石英、长石矿物为主，呈定向排列的片状或柱状呈断续分布状态，如片麻岩</td></tr>
<tr><td>块状构造</td><td>矿物均匀分布，无定向排列，也不能定向裂开，矿物呈粒状晶质结构，如大理岩、石英岩</td></tr>
<tr><td rowspan="3">混合岩构造</td><td>条带状构造</td><td>脉体与基体呈条带状相间出现，条带宽度不一</td></tr>
<tr><td>肠状构造</td><td>脉体呈复杂的肠状弯曲的混合岩，如肠状混合岩</td></tr>
<tr><td>眼球状构造</td><td>矿物呈团块状断续分布，似眼球状，大小不一</td></tr>
</table>

变质岩的构造体现的是岩石内部矿物集合体的空间分布特征，研究变质岩的构造可以了解变质岩的形成过程、变质岩所经受的变质作用类型、作用因素、作用方式及作用程度，为变质岩的分类、野外命名及其肉眼鉴定提供重要的依据。

2.3.8 变质岩的鉴定实验

1. 实验目的

(1)通过观察认识变质岩的主要特征，认识一些常见的变质岩。

(2)学习变质岩的概念、变质矿物、变质岩的结构与构造及变质岩的分类。

(3)观察和认识常见变质岩的结构与构造。

(4)认真描述各类变质岩的代表性岩石，将观察结果填在实验报告表中。

2. 实验用品

小刀、放大镜、稀盐酸、变质岩标本(片麻岩、云母片岩、板岩、千枚岩、大理岩、石英岩)。

3. 实验内容

(1)确定变质岩的颜色。

(2)分析变质岩的物质成分。

(3)确定变质岩的结构。

(4)确定变质岩的构造。

4. 实验报告

详细观察和对比常见变质岩，对颜色、岩石矿物成分、结构、构造认真鉴定，并将实验结果填入表 2-14 的实验报告中。

表 2-14 变质岩鉴定实验报告

课程名称		姓名	
实验名称		学号	
任课教师		专业	
实验教师		班级	
实验日期		成绩	
实验目的			
实验用品			
实验方法			
实验内容			

标本编号	岩石名称	颜色	矿物成分	结构	构造	备注

复习思考题

1. 岩浆岩、沉积岩及变质岩的定义是什么?
2. 岩浆岩的结构类型有哪些?
3. 沉积岩的结构类型有哪些?
4. 变质岩的结构类型有哪些?
5. 岩浆岩的构造类型有哪些?
6. 沉积岩的构造类型有哪些?
7. 变质岩的构造类型有哪些?
8. 简述常见岩浆岩、沉积岩及变质岩的鉴定。

第3章　地层岩性与地质构造

地层岩性是指构成岩层的岩石成分、颜色、物理化学特性、结构和构造等性质。地质构造是指组成地壳的岩层和岩体在内、外动力地质作用下发生的变形变位，从而形成诸如褶皱、节理、断层、劈理及其他各种面状和线状构造等。地质构造变形的时空范畴很大，从时间上讲，可有瞬间的地震作用，也有缓慢的大陆漂移和造山运动；从空间上讲，小到矿物晶体的晶格错位，大到全球性的板块碰撞，都属地质构造变形运动。

3.1 岩层产状

地球表层是由岩石圈、大气圈、水圈、生物圈和人类圈所构成的地表自然社会综合体，是人类圈与地表相互作用的复合物质系统。在地壳表层的岩石圈中，广泛覆盖着沉积岩及部分岩浆岩等。地表形态的塑造过程是岩石圈物质的循环过程，它们的存在基础是岩石圈中岩浆岩、变质岩和沉积岩的变质转化。不同类型的岩石在地表形成的产状不尽相同。因此，研究岩层的产状在地质学中具有重要的理论和实际意义。

大部分沉积岩都是在广阔的海洋盆地和湖泊等环境中形成的，在外貌上最突出的特点就是具有层状构造。未经变动的岩层其原始产状通常呈水平或近水平状态，老的岩层在下面，新的岩层在上面，形成上新下老的地层排序关系。但在岸边、岛屿和一些水下隆起附近，由于局部地形的影响，部分沉积岩层的原始产状也可以呈现出缓倾斜的状态。陆地上的沉积物，如残积物、坡积物、冰碛物、风积物和洪积物等，则往往表现出不同程度的原始倾斜产状。

大部分岩浆岩和一部分变质岩也可显示出层状构造的特点。岩浆岩的原始产状，除受地形的影响外，还与喷出物的成分和喷发类型有关。中性和酸性岩浆的黏度较大，常以中心式喷发为主，并形成隆起的火山锥，其熔岩和火山碎屑岩的原始产状多是倾斜的。基性岩浆的黏度较小，多为裂隙式喷发，溢出的熔岩流呈席状覆盖于地表，其面积可达上万平方公里，常形成近于水平的层状岩浆岩。

3.1.1 岩层产状的要素

岩层产状是指岩层在空间的产出形态和方位的总称，它是研究地质构造的基础。岩层产状是以岩层层面在空间中的延伸方向及其与水平面的交角关系来确定的，可用走向、倾向和倾角三个产状要素来表示，称为岩层产状三要素。除水平岩层成水平状态产出外，一切倾斜岩层的产状均以其走向、倾向和倾角表示，如图 3-1 所示。

(1)走向。岩层层面与水平面的交线称为走向线(图 3-1 中 AOB)，也就是同一层面上等高两点的连线。走向线两端延伸的方向即岩层的走向，岩层的走向用方位角(由正北方向沿顺时针旋转与该方向所成的夹角)表示。走向线的两头各指向一方，例如，一头指向东，另一头指向西，该岩层的走向就是东西方向，简称东西走向。因此，岩层的走向有两个方向，它们的方位角相差 180°。岩层走向的地质意义在于它们代表了岩层的水平延伸方向。

(2)倾向。在岩层面上垂直走向线向下所引的直线称为真倾斜线，简称倾斜线(图 3-1 中 OD)，它表示岩层的最大坡度。倾斜线在水平面上的投影所指示的方向称为岩层的真倾向，简称倾向(图 3-1 中 OD')。岩层的倾向也用方位角表示，但只有一个，它与两个走向相垂直。其他斜交于岩层走向线并沿斜面向下所引的任一直线，称为视倾斜线(图 3-2 中 HD 和 HC)。它们在水平面上的投影所指的方向，称为视倾向(图 3-2 中 OD 和 OC 的方向)。

(3)倾角。层面上的倾斜线和它在水平面上投影的夹角叫作岩层的真倾角，简称倾角(图 3-1 中$\angle\alpha$)，它表示岩层面与水平面之间的夹角。倾角的大小表示岩层的倾斜程度。视倾斜线与其水平投影线间的夹角叫作视倾角(图 3-2 中$\angle\beta$)。过岩层面上任一点可作无数条视倾斜线，因此，岩层的视倾角可有无数个，任何一个视倾角都小于该层面的真倾角。

视倾角与真倾角的关系为

$$\tan\beta = \tan\alpha \cdot \sin\theta \tag{3-1}$$

式中，θ 为视倾向(即观察剖面线)与岩层走向线之间的夹角。

可见，岩层的视倾向越接近真倾向时，其倾角值也越来越大，最后趋近于真倾角值。而视倾向偏离真倾向越远，即越靠近岩层走向，则其视倾角越小，以至趋近于零。

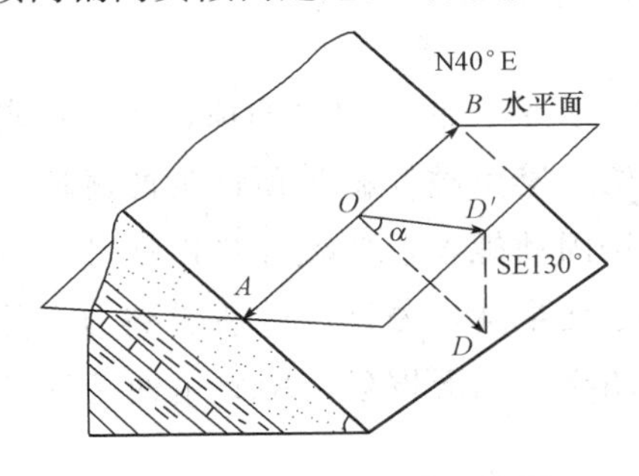

图 3-1　岩层产状要素示意图

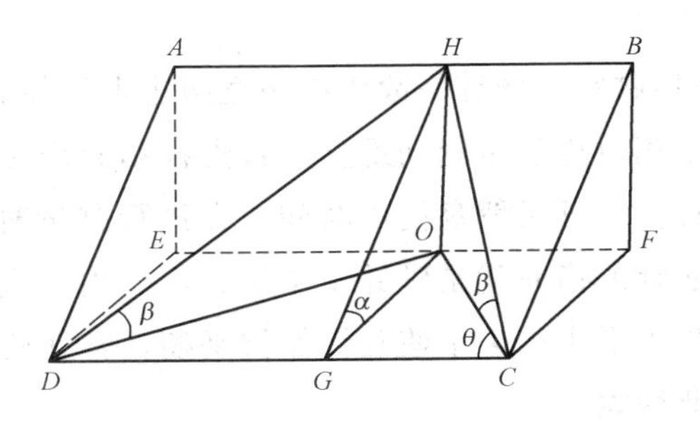

图 3-2　真倾角与视倾角的关系

3.1.2 岩层产状的测定及表示

岩层产状的三要素体现了经过构造变动后的构造形态在空间的位置，因此，测定岩层产状，进而获取岩层产状要素对判断地层岩性的特性具有重要的意义。

岩层产状的三要素通常是在实地用地质罗盘直接测量。某些特殊情况无法直接在野外测得岩层产状时(如位于地下深处的岩层)，则要用间接的方法求出岩层的产状要素如“V”形法则等。

3.1.2.1 岩层产状要素的测定

1. 地质罗盘仪

一般的地质测量，如测量目的物的方位、岩层空间位置、山体坡度等，均用地质罗盘仪。地质罗盘仪是地质工作者必须掌握的工具，式样较多，但其原理和构造大体相同。

2. 地质罗盘仪的基本构造

地质罗盘仪一般由磁针、磁针制动器、刻度盘、测斜指示针、水准器和瞄准器等几部分组成，并安装在一非磁性物质的底盘上(图 3-3)。

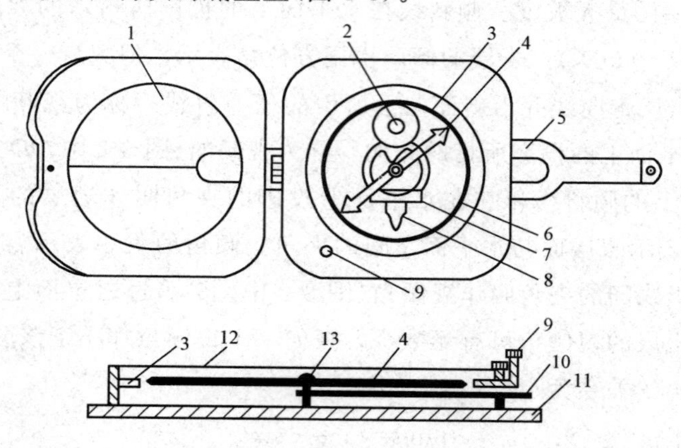

图 3-3 地质罗盘仪构造图

1—反光镜；2—圆形水准器；3—水平刻度盘；4—磁针；5—瞄准石觇板；
6—垂直刻度盘；7—长管状水准器；8—测斜指示针(或悬锤)；
9—磁针制动器；10—杠杆；11—罗盘底盘；12—玻璃盖；13—顶针

(1)磁针。磁针一般为中间宽两边尖的菱形钢针，安装在底盘中央的顶针上，可自由转动，不用时应旋紧制动螺丝，将磁针抬起压在盖玻璃上避免磁针帽与顶针尖的碰撞，以保护顶针尖，延长罗盘使用时间。在进行测量时，放松固动螺丝，使磁针自由摆动，最后静止时磁针的指向就是磁针子午线方向。由于我国位于北半球，磁针两端所受磁力不等，使磁针失去平衡。为了使磁针保持平衡，常在磁针南端绕上几圈铜丝，用此也便于区分磁针的南北两端。

(2)磁针制动器。磁针制动器是在支撑磁针的轴下端套着的一个自由环，此环与制动小螺钮以杠杆相连，可使磁针离开转轴顶针并固定起来，以便保护顶针和旋转轴不受磨损，保持仪器的灵敏性。延长罗盘的使用寿命。

(3)水平、垂直刻度盘。刻度盘分为内(下)和外(上)两圈。内圈为垂直刻度盘，专用作测量倾角和坡度角，以中点位置为0°，分别向两侧每隔10°记录直至90°；外圈为水平刻度盘，其刻度方式有两种，即方位角刻度盘和象限角刻度盘(图3-4和图3-5)。

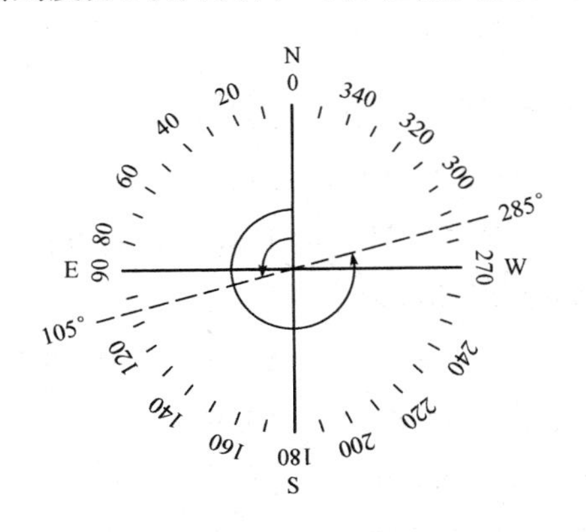

图3-4　方位角刻度盘

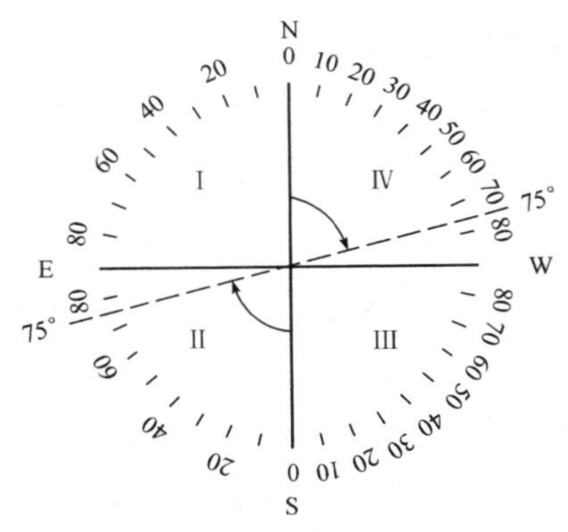

图3-5　象限角刻度

方位角刻度盘是从0°开始，逆时针方向每隔10°记录直至360°，在0°和180°处分别标注N和S(表示北和南)，90°和270°处分别标注E和W(表示东和西)；象限角刻度盘与它不同之处是S和N两端均记作0°，E和W处均记作90°，即刻度盘上分成0°～90°的四个象限。

必须注意：方位角刻度盘为逆时针方向标注。方位角和象限角两种刻度盘所标注的东、西方向与实地相反，其目的是测量时能直接读出磁方位角和磁象限角，因测量时磁针相对不动，移动的是罗盘底盘，当底盘向东移，相当于磁针向西偏，故刻度盘逆时针方向标记(东、西方向与实地相反)所测得读数即为所求。在具体工作中，为区别所读数值是方位角还是象限角，可按下述方法区分。如图3-4与图3-5的测线位置相同，在方位角刻度盘上读作285°，记作NW285°或记作285°；在象限角刻度盘上读作北偏西75°W。如果两者均在第一象限内，例如50°，则前者记作NE50°，后者记作N50°E以示区别(表3-1)。

表3-1　象限角与方位角之间关系换算表

象限	方位角度	象限角(γ)与方位角(A)之间的关系	象限名称
Ⅰ	0°～90°	$\gamma=A$	NE象限
Ⅱ	90°～180°	$\gamma=180°-A$	SE象限
Ⅲ	180°～270°	$\gamma=A-180°$	SW象限
Ⅳ	270°～360°	$\gamma=360°-A$	NW象限

(4)测斜指示针(或悬锤)。测斜指针是测斜器的重要组成部分，它安放在底盘上，测量时指针(或悬锤尖端)所指垂直刻度盘的度数即为倾角或坡度角的值。

(5)水准器。水准器通常有两个，即圆形水准器和长管状水准器。圆形者固定在底盘上，长管状者固定在测斜器上，当气泡居中时，分别表示罗盘底盘和罗盘含长边的面处于水平状态。但如果测斜器是摆动式的悬锤，则没有长管状水准器。

(6)瞄准器。瞄准器包括接物和接目觇板，反光镜中间有细线，下部有透明小孔，使眼睛、细线、目的物三者成一线，作瞄准之用。

3. 地质罗盘仪的使用方法

地质罗盘仪在使用前需作磁偏角的校正，因为地磁的南、北两极与地理的南、北两极位置不完全相符，即磁子午线与地理子午线不重合，两者间夹角称为磁偏角。

地球上各点的磁偏角均需定期计算，并公布以备查用。当地球上某点磁北方向偏于正北方向东边时，称为东偏(记为＋)；偏于西边时，称为西偏(记为－)。如果某点磁偏角(δ)为已知，则一测线的磁方位角($A_{磁}$)和正北方位角(A)的关系为 $A=A_{磁}+\delta$。如图 3-6 所示，表示 δ 东偏 30°，若测线所测的角也为 NE30°时，则 $A=30°+30°=$NE60°。如图 3-7 所示，表示 δ 西偏 20°，若测线所测角为 SE110°，则 $A=110°-20°=90°$。为工作方便，可以根据上述原理进行磁偏角校正，磁偏角东偏时，转动罗盘外壁的刻度螺丝，使水平刻度盘顺时针方向转动一磁偏角值即可(若西偏时则逆时针方向转动)。经校正后的罗盘，所测读数即为正确的方位。

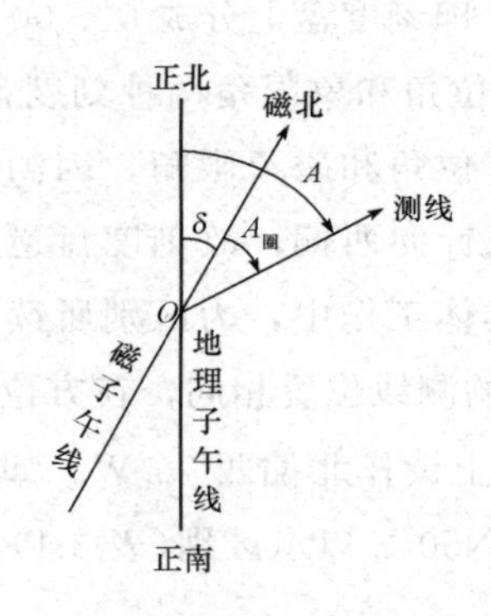

图 3-6　磁偏角东偏示意图

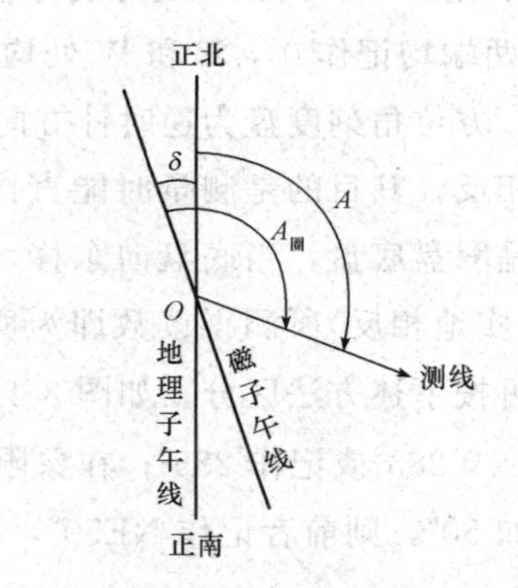

图 3-7　磁偏角西偏示意图

在测量目的物与测量者之间的方位角时(方位角是指从子午线顺时针方向至测线的夹角，如图 3-8 所示)，首先放松磁针制动小螺钮，打开对物觇板并指向所测目标，即用罗盘的北(N)端对着目的物，南(S)端靠近自己进行瞄准。使目的物、对物觇板小孔、玻璃盖上的细丝三者连成一直线，同时，使圆形水准器的气泡居中。待磁针静止时，指北针所指的度数即为所测目标的方位角。

4. 用地质罗盘测量岩层的产状要素

除层状岩石外，对于其他一些具有面理构造的地质体，如断层、节理、褶皱轴面和矿层等，也要用产状三要素进行观测和描述。野外用地质罗盘测量岩层产状要素的方法如下，如图 3-9 所示。

(1)岩层走向的测量。岩层走向是岩层面与水平面相交线的方位，测量时将罗盘长边的底棱紧靠岩层层面，当圆形水准器气泡居中时，读指北针或指南针所指度数即为所求(因走向线是一直线，其方向可两边延伸，故读指南针、指北针均可)。

(2)岩层倾向的测量。岩层倾向是指岩层向下最大倾斜方向线(真倾向线)在水平面上投影的方位。测量时将罗盘北端指向岩层下倾斜的方向，以南端短棱靠着岩层层面，当圆形水准器气泡居中时，读指北针所指度数即为所求。

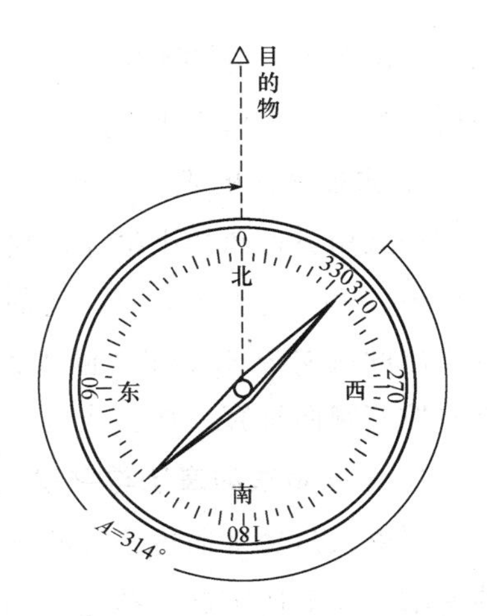

图 3-8　用罗盘仪测量目的物的方位

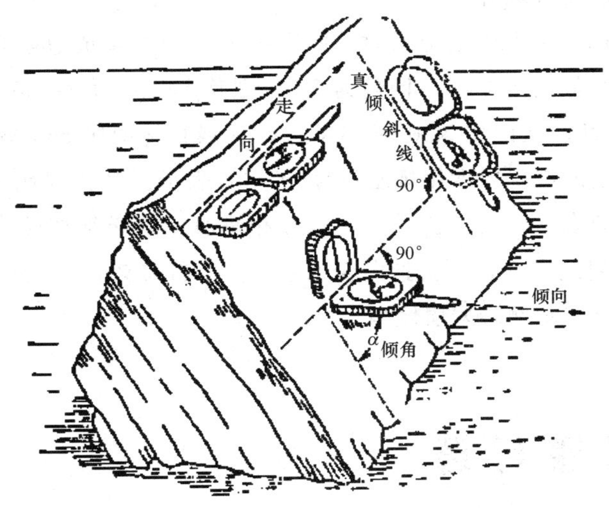

图 3-9　岩层产状要素及其测量方法

(3)岩层倾角的测量。岩层倾角是指岩层层面与假想水平面间的最大夹角，称为真倾角。真倾角可沿岩层层面真倾斜线测量求得。若沿其他倾斜线测得的倾角均较真倾角小，称为视倾角。测量时将罗盘侧立，使罗盘长边紧靠层面，并用右手中指拨动底盘外的活动扳手，同时沿层面移动罗盘，当管状水准器气泡居中时，测斜指针所指最大度数即为岩层的真倾角。若测斜器是悬锤式的罗盘，测量方法与上述方法基本相同，不同之处是右手中指按着底盘外的按钮，悬锤则自由摆动，当达最大值松开中指时，悬锤固定所指的读数即岩层的真倾角。

3.1.2.2　岩层产状要素的表示

岩层产状要素的表示方法有文字表示法和符号表示法两种。由于地质罗盘上标记方向的刻度显示不同，有的采用从 0°～360°的方位角法来表示，即从正北开始，按顺时针方向旋转，转一圈的读数为从 0°～360°(0°和 360°重合，同向为正北)；有的采用象限角法来表示。象限角的正北和正南同为0°，正东和正西同为90°。因此，产状要素的书写方法也有所不同，现分别说明如下。

1. 方位角法的表示与书写

当采用方位角法来描述岩层的产状时，只记倾向和倾角即可，走向可按倾向加减90°推算出来。书写时将倾向写在前面，倾角写在后面，中间用一个代表角度的符号分开。如某一岩层的倾向为SE125°，倾角为40°，则应书写为SE125°∠40°或简写为125°∠40°。岩层的走向按其倾向推算，加上或减去90°即可。

2. 象限角法的表示与书写

用象限角法来描述岩层的产状时，一般记录岩层的走向、倾角，并且要标明倾角所属的象限。如上例中的产状应记为N35°E∠40°SE，也可以记为S35°W∠40°SE，走向与倾角之间用一个代表角度的符号隔开。

如果用方位角测量却要用象限记录时，则需把方位角换算成象限角，再作记录。如测得某地层走向为330°、倾向为240°、倾角为50°，则其走向应为$\gamma=360°-330°=30°$，倾向$\beta=240°-180°=60°$。其产状记作N30°W/SW∠50°，或直接记作S60°W∠50°。

在地质图上，岩层的产状要素用规定符号“⅄40°”表示。其长线代表走向，与之垂直的短线代表倾向，数字则表示倾角。长线和短线互相垂直，且必须按照岩层的实际方位标记在图上。符号⋊表示岩层直立，箭头指向新地层一方。符号ɤ30°表示岩层倒转，箭头指向倒转后岩层倾向，数字表示倒转岩层倾角。

3.2 褶皱构造

褶皱构造是地壳上最常见的一种地质构造，也是一种最基本的地质构造形态。它是由地壳中原来近乎平直的层状岩层，在水平运动的作用下，受力后发生弯曲变形而表现出来的地质构造形态。

形成褶皱的变形面称为褶皱(曲)面，褶皱(曲)面绝大多数是沉积岩的层面。变质岩的劈理、片理或片麻理，以及岩浆岩的原生流面等，有时也可以是岩层与岩体的节理面、断层面或者褶皱山系和构造盆地。褶皱的规模差别极大，大的往往可以蜿蜒几十或几百公里，小的则出现在个别露头或手标本上，有时甚至在显微镜下才能观察到。

褶皱的形态各异，复杂多变。许多矿产，尤其是煤、石油、天然气和地下水等，在成因或空间分布上均与褶皱关系密切。世界上许多大油气田，其油气主要聚集在背斜，特别是穹窿构造的顶部；许多煤层的赋存也受褶皱构造控制，而有些矿体本身就是褶皱构造地层。褶皱构造还不同程度地影响工程建设的水文地质和工程地质条件。

因此，研究褶皱构造的形态、产状、分布和组合特点及其形成时代与方式，对于揭示一个地区地质构造的形成规律和地质发展历史具有重要的意义。

3.2.1 褶皱的概念

1. 褶皱的概念

褶皱是指层状的岩石经过变形后，形成弯弯曲曲的形态，但是岩石的连续完整性基本没有受到破坏的一种地质构造称为褶皱构造，它是地壳中广泛发育的一类地质构造。

褶皱是成层岩石中的层面或各种面理(层理、劈理、叶理、断层面等)因塑性变形而发生的弯曲变形现象。沉积地层的原始状态是水平的，在受到由地壳运动产生的地质挤压力的长期作用下，使岩层产生永久塑性变形，形成各种弯曲形状，这种弯曲形状称为褶曲。一系列的褶曲组成褶皱。

2. 褶皱的力学成因

绝大多数褶皱是在水平挤压作用下形成的，有的褶皱是在垂直作用力下形成的，还有一些褶皱是在力偶的作用下形成的(图 3-10)。褶皱多发育于两坚硬岩层之间的较弱岩层中或断层带附近。褶皱在沉积岩层中最为明显，在块状岩体中则很难见到。

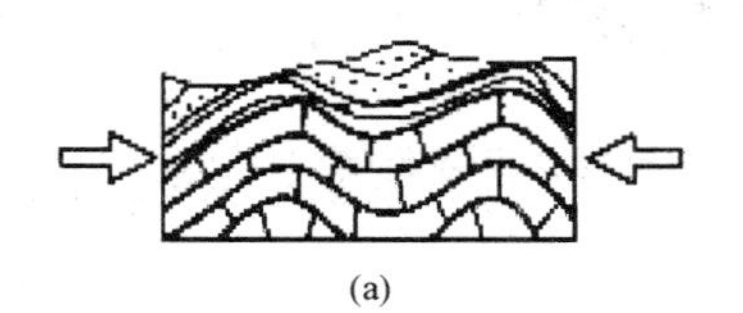

(a)

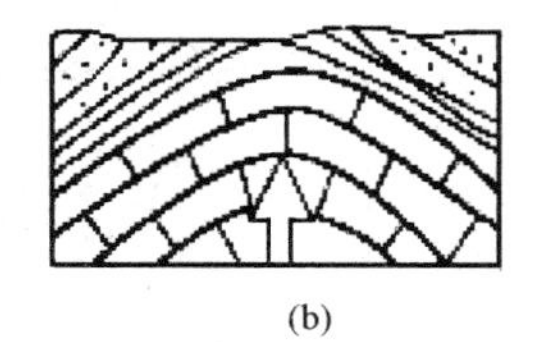

(b)

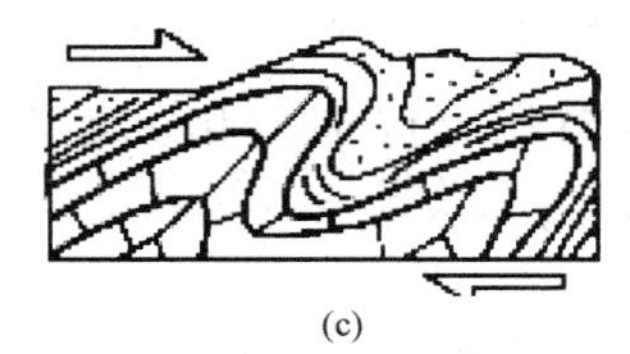

(c)

图 3-10　褶皱的力学成因

(a)水平挤压力；(b)垂直作用力；(c)力偶作用

3. 褶皱的基本单位

褶皱的基本单位是褶曲，褶曲是发生了褶皱变形岩层中的一个弯曲。褶曲的形态是多种多样的，但其基本形态只有两种，即背斜和向斜。背斜是岩层向上凸出的弯曲，岩层从中心向两翼倾斜，其核心部位的岩层时代较老，两翼岩层较新。向斜是岩层向下凸出的弯曲，岩层自两翼向中心倾斜，核心部位的岩层较新，两翼岩层较老。由于地表风化剥蚀，造成背斜地段岩层在地面的出露特征是从中心到两侧，岩层从老到新对称性重复出现。向斜的出露特征恰好与之相反，从中心到两侧岩层从新到老对称性重复出现(图 3-11)。

背斜和向斜，最初是由两翼岩层的倾向相背和相向而得名。后来发现也有相反的情况，例如，两翼形态为扇形的褶曲，其两翼岩层产状，上、中、下各不相同，有的部分相背，有的部分相向。因此，区别背斜和向斜的主要依据是以核部与两翼岩层的相对新老关系进行判断。

一般情况下，背斜和向斜在朝向上往往是一致的，即所谓的“背斜成山，向斜成谷”，但由于受到变形强烈地质作用或风化剥蚀的破坏，也会出现“背形向斜，向形背斜”。

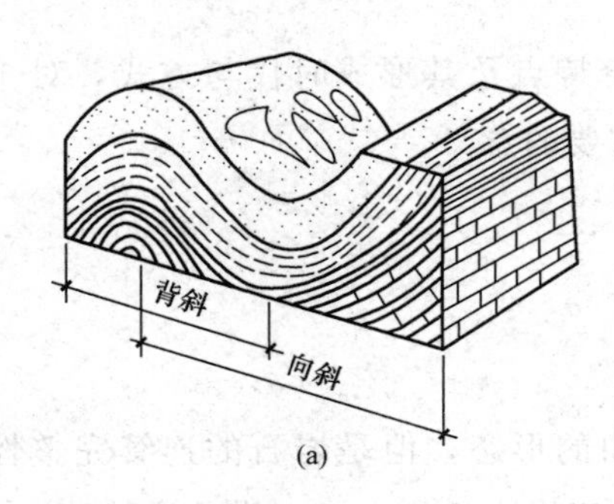

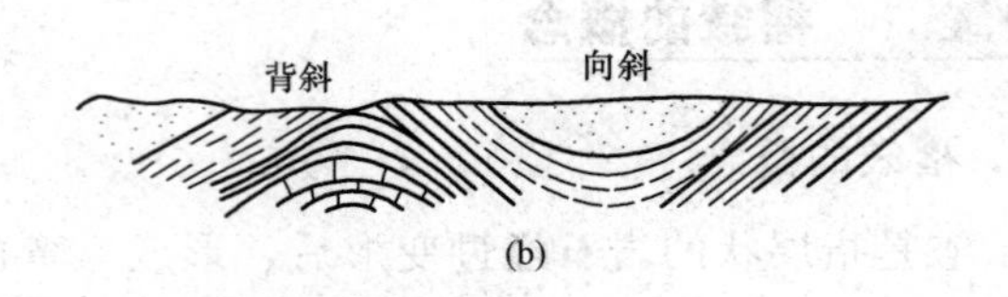

图 3-11　背斜和向斜示意图

(a)未剥蚀；(b)经剥蚀

“背形向斜，向形背斜”是内力作用的结果。褶皱形成后，地表长期受风化剥蚀作用的破坏，其外形也发生改变。在沉积岩层侧向挤压力形成褶皱构造的过程中，岩层发生弯曲变形，由于背斜顶部产生局部张力而造成顶部岩层裂隙较为发育，为外力侵蚀提供了有利条件。向斜槽部会产生局部挤压力，岩性相对较坚硬，抵抗风化侵蚀的能力较强。在长期外力作用下，差异性侵蚀逐渐明显，背斜遭受侵蚀的速度较快，向斜遭受侵蚀的速度要缓慢得多，经过长期地质演变，发生了地形倒置现象，“高山为谷，深谷为陵”就是这个道理，主要是外力侵蚀作用的结果，如图 3-12 所示。

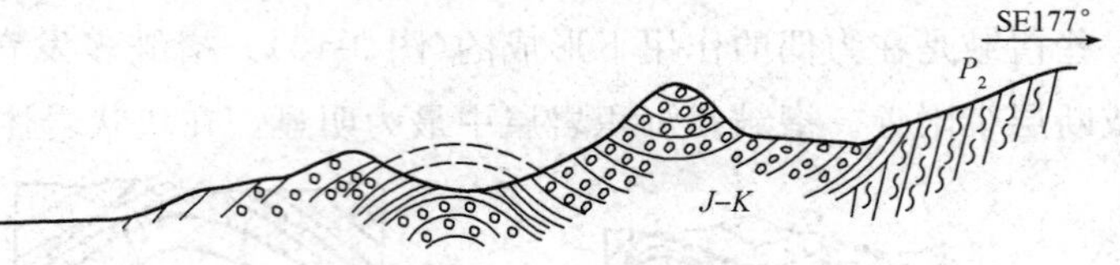

图 3-12　高山为谷，深谷为陵

3.2.2　褶曲要素

为了正确描述和研究褶皱构造，必须要弄清褶皱的各个组成部分及其相互关系。习惯上把褶皱的各个组成部分称为褶曲要素。褶曲要素主要有核、翼、转折端、枢纽、轴面与轴迹、脊线与槽线等(图 3-13)。

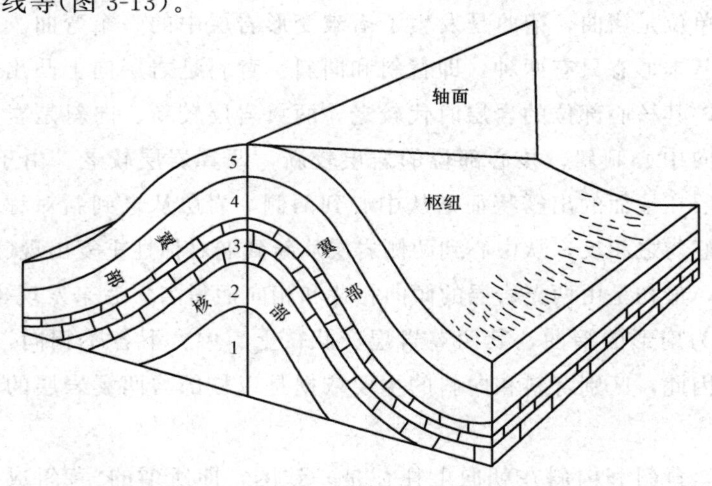

图 3-13　褶曲要素示意图

(图中数字 1～5 代表地层从老到新的顺序)

(1)核部。核部简称为核，通常指褶曲的中心部位的岩层。它的范围是相对的，一般只把位于褶曲内部的某一地层定为核。当剥蚀后，把褶曲出露地表最中心部分的岩层称为核，通常是指最中心的地层。

(2)翼部。翼部简称为翼，指褶曲核部两侧的岩层。两翼岩层与水平面的夹角称为翼角，它等于两翼岩层的倾角。翼部的形态可以是多种多样的，有开张的(图 3-14)、平行的(图 3-15)、扇形的(图 3-16)、箱形的(图 3-17)。

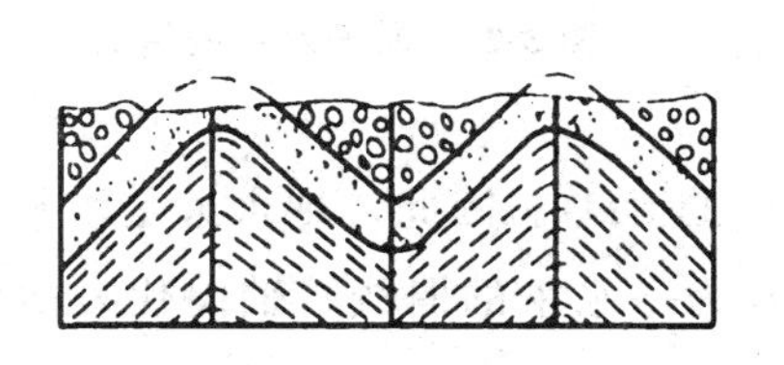

图 3-14　两翼开张的褶曲

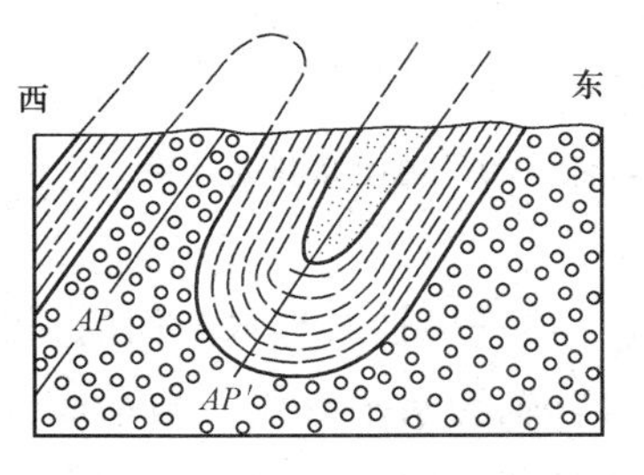

图 3-15　两翼平行的褶曲

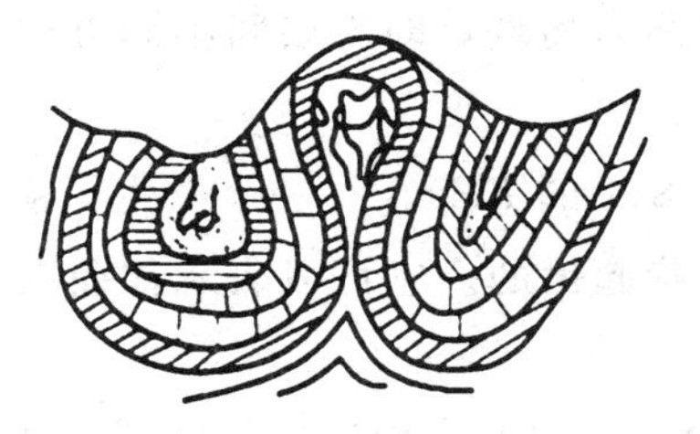

图 3-16　两翼呈扇形的褶曲

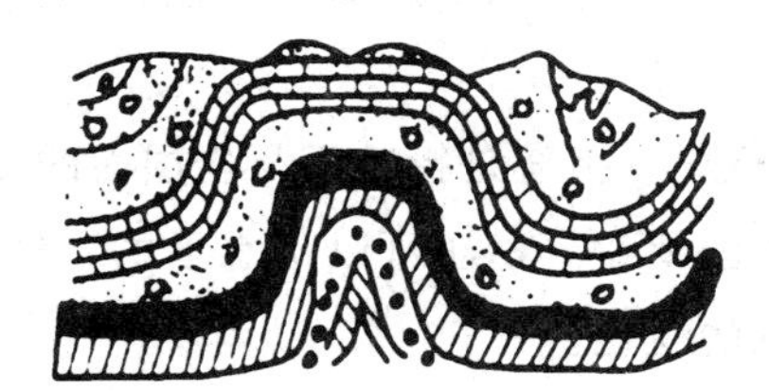

图 3-17　两翼呈箱形的褶曲

(3)轴面。轴面是平分褶曲两翼的假想的对称面(图 3-18 中的 $ABCD$)。其形态是多种多样的，可以是一个简单的平面，也可以是一个复杂的曲面。轴面的产状可以是直立的(图 3-19)，也可以是倾斜的(图 3-20)和水平的(图 3-21)。

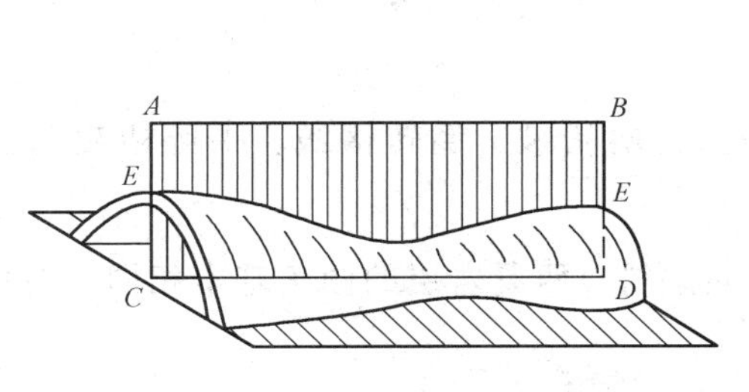

图 3-18　褶曲的轴面、轴和枢纽

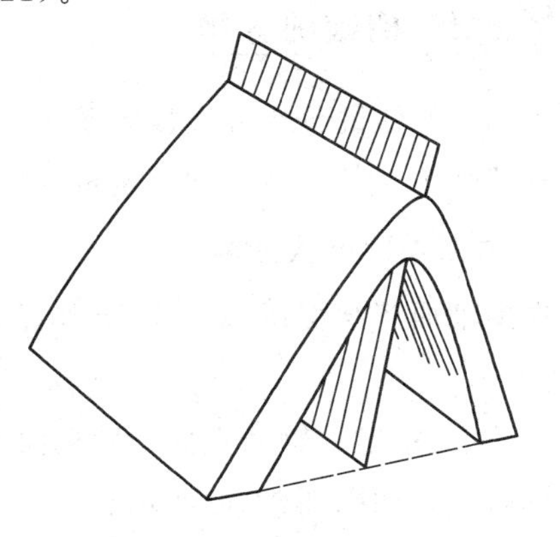

图 3-19　轴面直立的褶曲

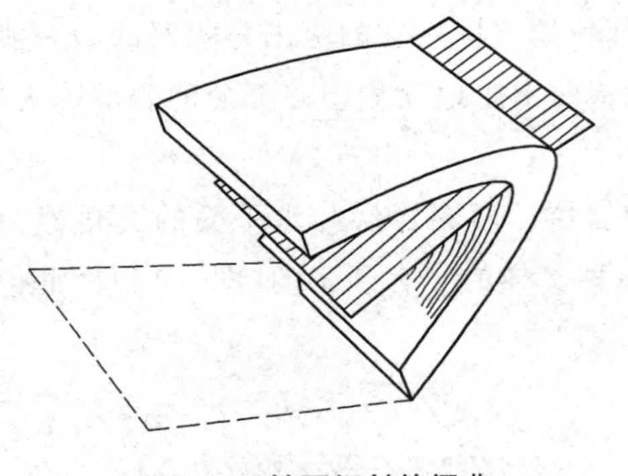

图 3-20 轴面倾斜的褶曲

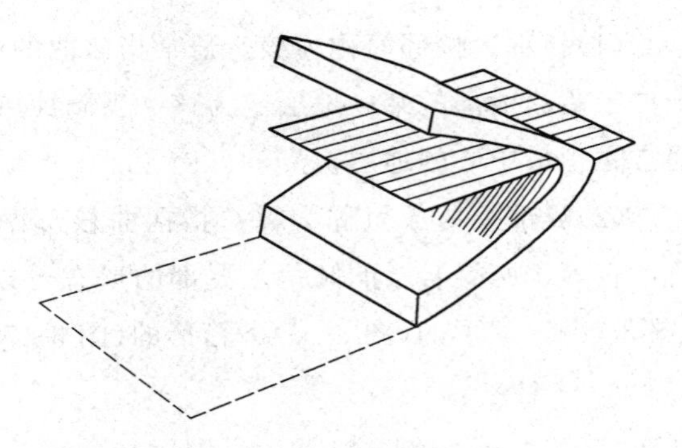

图 3-21 轴面水平的褶曲

(4)轴。轴是指轴面与水平面的交线(图 3-18 中的 *CD*)。因此，轴永远是水平的。当轴面是平面时，轴为水平直线；当轴面为曲面时，轴为一水平的曲线。轴向代表褶曲延伸的方向，轴的长度可以反映褶曲的规模。

(5)转折端。转折端是指褶曲两翼汇合的部分，即褶曲从一翼向另一翼过渡的中间弯曲部分。相邻的背斜和向斜共一个翼，共用翼的中点称为拐点，即岩层间不同方向弯曲的转折点。

(6)枢纽。枢纽是指轴面与岩层面的交线(图 3-18 中的 *EE*)。每一个发生了褶曲的层面都有自己的枢纽。枢纽可以是水平的、倾斜的或波状起伏的。它可以表示褶曲在其延长方向上产状的变化。

(7)轴面与轴迹。相邻褶曲面上由多条枢纽组成的几何面称作轴面，轴面与任何面理的交线称作轴迹。

(8)脊线与槽线。在背斜和背形的同一褶曲面上，最高点的连线称作脊线；在向斜和向形的同一褶曲面上，最低点的连线称作槽线。

3.2.3 褶皱的分类

目前，褶皱的分类方案极为繁多，但几乎无一例外的都是基于其几何特征。其中，既有以描述性为主的，也有部分定量的。这里仅介绍一些普遍采用的分类。

1. 根据轴面产状分类

根据轴面产状将褶皱主要分为直立褶皱、歪斜褶皱、倒转褶皱、平卧褶皱和翻卷褶皱等。

(1)直立褶皱。轴面直立，两翼向不同方向倾斜，两翼岩层的倾角基本相同，在横剖面上两翼对称，如图 3-22(a)所示。

(2)歪斜褶皱。轴面倾斜，两翼向不同方向倾斜，但两翼岩层的倾角不等，在横剖面上两翼不对称，如图 3-22(b)所示。

(3)倒转褶皱。轴面倾斜程度更大，两翼岩层大致向同一方向倾斜，一翼层位正常，另一翼老岩层覆盖于新岩层之上，层位发生倒转，如图 3-22(c)所示。

(4)平卧褶皱。轴画水平或近水平，两翼岩层也近水平，一翼层位正常；另一翼发生倒转，如图 3-22(d)所示。

(5)翻卷褶皱。翻卷褶皱是指早期褶皱的轴面已发生弯曲的褶皱，如图 3-22(e)所示。

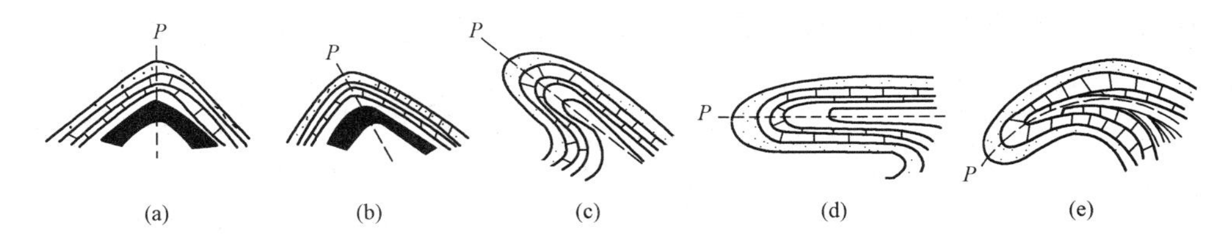

图 3-22　根据轴面产状进行褶皱分类

(a)直立褶皱；(b)歪斜褶皱；(c)倒转褶皱；(d)平卧褶皱；(e)翻卷褶皱

一般来说，依据轴面产状类型划分的褶皱形态反映出岩层受力程度的不同。或者说，从直立褶皱到翻卷褶皱，受力越来越强，因两侧岩层受力的程度不同，轴面向受力较弱的一侧倾斜。在褶曲构造中，褶曲的轴面产状和两翼岩层的倾斜程度，常和岩层的受力性质及褶皱的强烈程度有关。在褶皱不太强烈和受力性质比较简单的地区，一般多形成两翼岩层倾角舒缓的直立褶曲或倾斜褶曲；在褶皱强烈和受力性质比较复杂的地区，一般两翼岩层的倾角较大，褶曲紧闭，并常形成倒转或平卧褶曲。

2. 根据枢纽产状分类

根据枢纽产状将褶皱分为倾伏褶皱和水平褶皱。

(1)倾伏褶皱。褶曲的枢纽向一端倾伏，两翼岩层在转折端闭合。当褶曲的枢纽倾伏时，在平面上会看到褶曲的一翼逐渐转向另一翼，形成一条圆滑的曲线，如图 3-23(a)、(b)所示。

(2)水平褶皱。褶皱的枢纽水平展布，两翼岩层平行延伸，如图 3-23(c)所示。

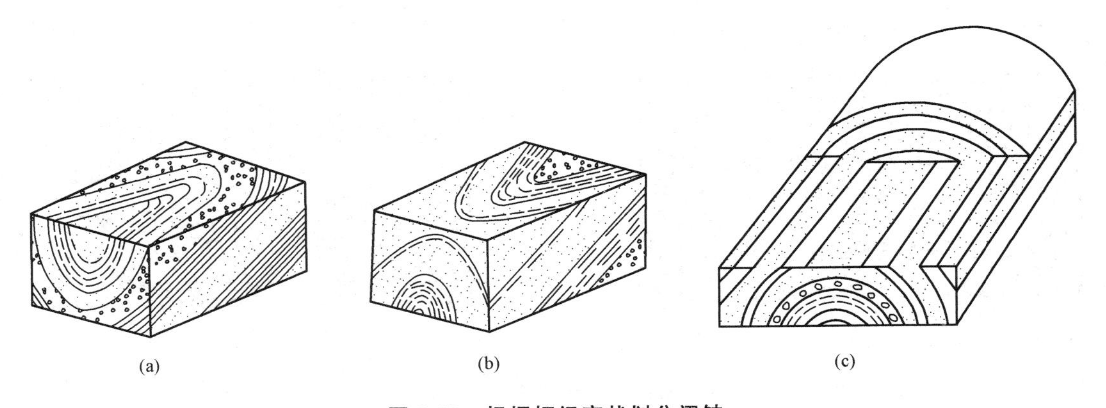

图 3-23　根据枢纽产状划分褶皱

(a)、(b)倾伏褶皱；(c)水平褶皱

在倾伏背斜的转折端，岩层向褶曲的外方倾斜(外倾转折)，在倾伏向斜的转折端，岩层向褶曲的内方倾斜(内倾转折)。在平面上倾伏褶曲的两翼岩层在转折端闭合，是倾伏褶皱区别于水平褶皱的一个显著标志。

3. 根据褶皱紧闭程度分类

褶皱的紧闭程度由褶皱的顶角来描述。褶皱的顶角是指过拐点的两翼切线间的夹角，由两翼岩层的代表性产状可近似求出褶皱顶角。顶角是描述褶皱形态的重要参数，它的大小反映褶皱的紧闭程度，即反映褶皱变形强度。从平缓褶皱到等斜褶皱，变形强度逐渐加大(图 3-24)。

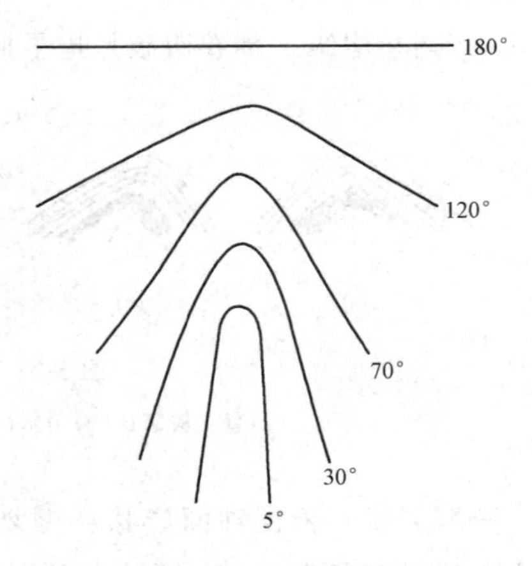

图 3-24　顶角不同的褶皱

(1)平缓褶皱：顶角大于 120°。

(2)开阔褶皱：顶角为 70°～120°。

(3)中常褶皱：顶角为 30°～70°。

(4)紧闭褶皱：顶角为 5°～30°。

(5)等斜褶皱：顶角小于 5°。

4. 根据褶皱平面形态分类

根据褶皱的平面形态，即根据岩层弯曲的形态对褶皱进行分类。褶皱的平面形态是野外观察剖面时常用的一种方法，可将褶皱划分为线形褶皱、短轴褶皱、穹隆与构造盆地等。

(1)线形褶皱。褶皱的长度和宽度的比例大于 10∶1，延伸长度大而分布宽度小，如图 3-25(a)所示。

(2)短轴褶皱。褶皱向两端倾伏，褶皱长宽比介于 10∶1～3∶1，成为圆形，如为背斜则称为短背斜；如为向斜则称为短向斜，如图 3-25(b)右侧所示。

(3)穹隆与构造盆地。褶皱长宽比小于 3∶1 的圆形背斜为穹隆、向斜为构造盆地。穹隆与构造盆地均为构造形态，不能与地形上的隆起和盆地相混淆，如图 3-25(b)左侧所示。

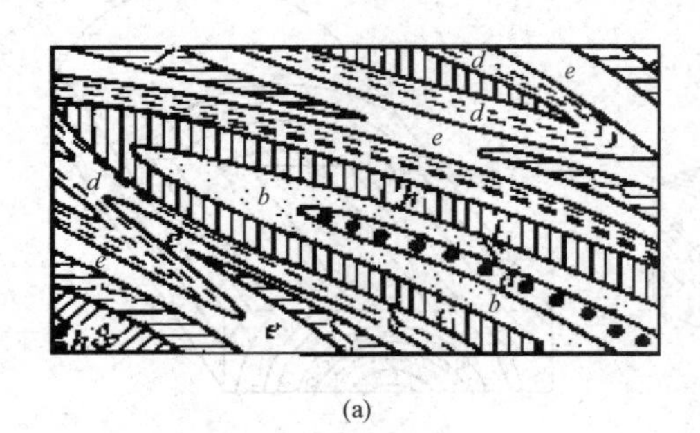

(a)

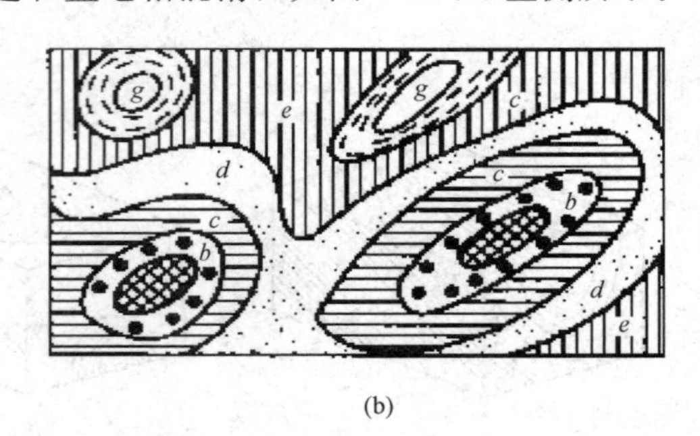

(b)

图 3-25　褶皱的平面形态分类

(a)线形褶皱；(b)短轴褶皱、穹隆与构造盆地

5. 根据褶皱横剖面形态分类

根据褶皱横剖面形态将褶皱分为圆弧褶皱、尖棱褶皱、箱状褶皱以及挠曲。

(1)圆弧褶皱。转折端呈圆弧形弯曲的褶皱。圆弧的中点可看作褶皱的枢纽点，圆弧褶皱两翼常是弧形的，连续的褶皱成正弦曲线形弯曲，如图 3-26(a)所示。

(2)尖棱褶皱。转折端为尖顶状，常由平直的两翼相交而成，如图 3-26(b)所示。

(3)箱状褶皱。转折端宽阔平直，两翼产状较陡，形如箱状。如果箱状由两个共轭的轴面组成，称为共轭褶皱，如图 3-26(c)所示。

(4)挠曲。平缓岩层中，一段岩层突然变陡，表现出褶皱面膝状弯曲，如图 3-26(d)所示。

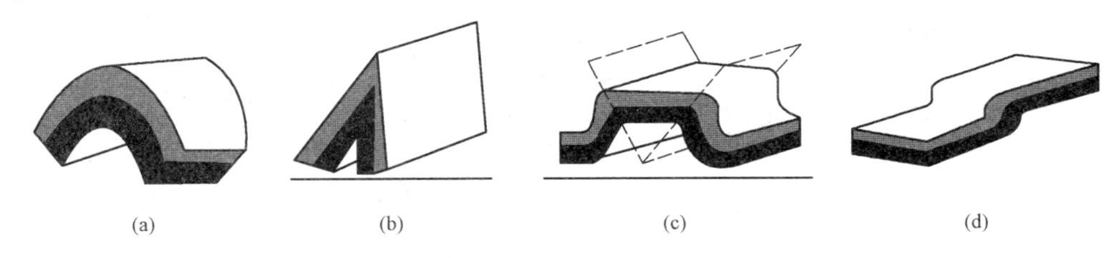

图 3-26　褶皱横剖面形态分类

(a)圆弧褶皱；(b)尖棱褶皱；(c)箱状褶皱；(d)挠曲

6. 根据褶皱位态分类

褶皱在空间的位态取决于轴面和枢纽的产状。以横坐标表示轴面的倾角，纵坐标表示枢纽的倾伏角，可将褶皱分成七种类型(图 3-27)。

(1)直立水平褶皱。褶皱轴面倾角为 80°～90°，而枢纽倾伏角仅为 0°～10°，即轴面近于直立而枢纽近于水平的褶皱(图 3-27 中Ⅰ区)。

(2)直立倾伏褶皱。褶皱轴面倾角为 80°～90°，而枢纽倾伏角为 10°～70°，即轴面近于直立而枢纽明显倾斜的褶皱(图 3-27 中Ⅱ区)。

(3)倾竖褶皱。褶皱轴面倾角为 80°～90°，而枢纽倾伏角为 70°～90°，即轴面枢纽均近于直立的褶皱(图 3-27 中Ⅲ区)。

(4)斜歪水平褶皱。褶皱轴面倾角为 20°～80°，而枢纽倾伏角为 0°～10°，即轴面倾斜而枢纽近水平的褶皱(图 3-27 中Ⅳ区)。

(5)斜歪倾伏褶皱。褶皱轴面倾角为 20°～80°，而枢纽倾伏角为 10°～70°，但二者倾向近于正交，即轴面和枢纽均倾斜，而倾向不同的褶皱(图 3-27 中Ⅴ区)。

(6)平卧褶皱。褶皱轴面倾角和枢纽倾伏角均为 0°～20°，即轴面和枢纽均近水平的褶皱(图 3-27 中Ⅵ区)。

(7)斜卧褶皱。褶皱的轴面倾角为 20°～80°，枢纽倾伏角为 20°～70°；枢纽在轴面上的侧伏角为 70°～90°，但二者倾向近于平行，即轴面和枢纽均为倾斜，且倾向相同的褶皱(图 3-27 中Ⅶ区)。

其中，直立水平褶皱、直立倾伏褶皱为正常褶皱，即两翼倾向相反，倾角大体相等；斜歪水平褶皱、斜歪倾伏褶皱既可是倾角不等的正常褶皱，也可是倒转褶皱，即其中的一

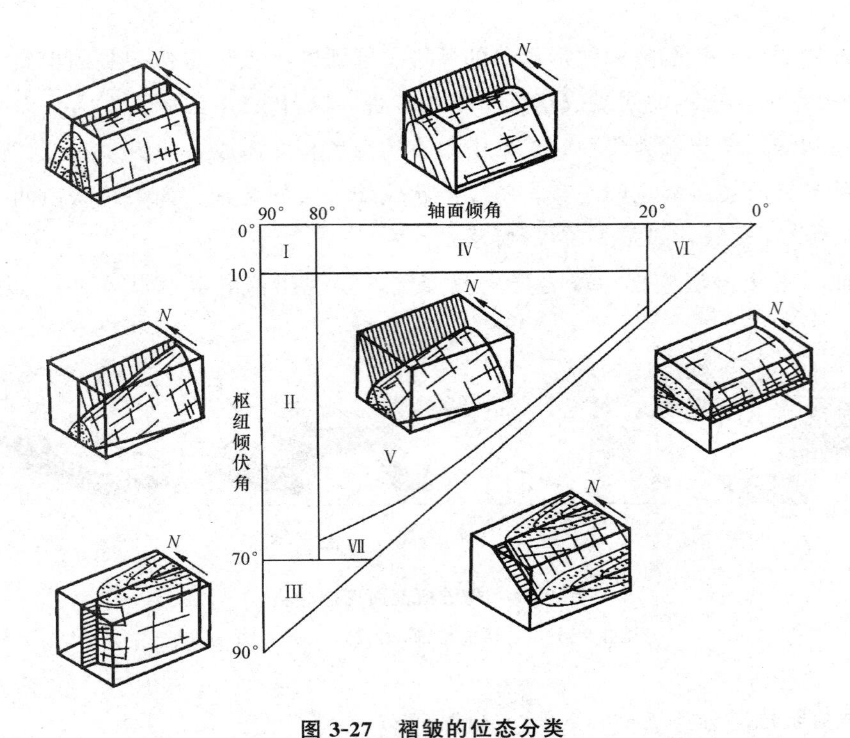

图 3-27　褶皱的位态分类

Ⅰ—直立水平褶皱；Ⅱ—直立倾伏褶皱；Ⅲ—倾竖褶皱；Ⅳ—斜歪水平褶皱；

Ⅴ—斜歪倾伏褶皱；Ⅵ—平卧褶皱；Ⅶ—斜卧褶皱

个翼可能是倒转翼；平卧褶皱、斜卧褶皱均为倒转褶皱；倾竖褶皱在自然界中较为少见，且规模较小，直立倾伏褶皱和斜歪倾伏褶皱较为常见。

7. 根据褶皱形态关系及厚度分类

褶皱形态的变化主要反映在各褶皱面形态的相互关系和褶皱的厚度变化上。因此，将褶皱分为以下几类：

(1)平行褶皱(等厚褶皱、同心褶皱)。典型的平行褶皱的几何特点是褶皱面作平行弯曲(图 3-28)。同一褶皱层的厚度在褶皱各部分一致，所以也称为等厚褶皱；弯曲的各层具有同一曲率中心，因此又称为同心褶皱。

平行褶皱由中心向外，褶皱面的曲率半径逐渐增大，曲率变小，岩层越平缓；向着核部方向，曲率逐渐变大。例如，一个圆弧形直立的背斜，因为要保持褶皱层的厚度不变，褶皱面的弯曲越来越紧闭，甚至成为尖顶状背斜，或是为了调整褶皱层的向心挤压，在背斜核部会出现复杂的小褶皱和逆冲断层，再向下则消失于滑脱面上。顺轴面向上，情况相反，褶皱面越来越平缓，褶皱趋于消失。

(2)相似褶皱(顶厚褶皱)。典型的相似褶皱的几何特点是组成褶皱的各褶皱面作相似的弯曲(图 3-29)。各面的曲率相同，没有共同的曲率中心。因此，褶皱的形态不随着深度的变化而改变。同一褶皱层的厚度发生有规律的变化，两翼变薄转折端加厚，平行轴面量出的视厚度在褶皱各部位保持一致。

图 3-28　理想平行褶皱的剖面形态(据 Davis，1984)

图 3-29　相似褶皱(据 Ramsay，1962)

t_1—轴部岩层厚度；t_2、t_3—翼部岩层厚度；

T_1—轴部岩层的轴面厚度；T_2、T_3—翼部岩层的轴面厚度

(3)顶薄褶皱。岩层厚度在两翼厚而在转折端薄的褶皱，这类褶皱的内弧曲率大于外弧曲率(图 3-30)。顶薄褶皱是由于地壳垂直运动，造成塑性岩层向两翼流动，或是由于沉积过程中，基底局部上升而形成的同沉积褶皱。

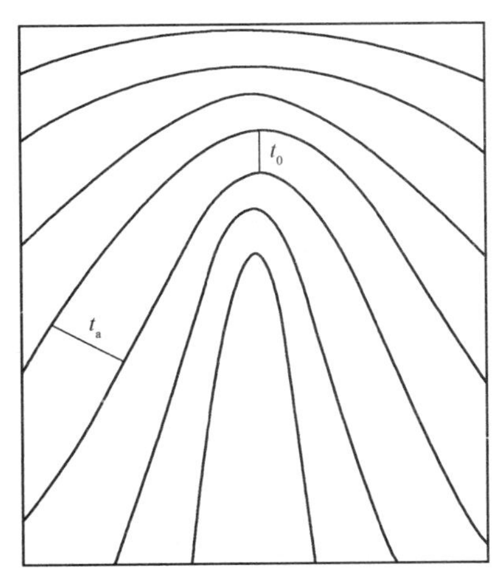

图 3-30　顶薄褶皱的剖面形态

t_0—轴部岩层厚度；t_a—翼部岩层厚度

(4)不协调褶皱。各褶皱岩层的弯曲形态明显不同，它们既不平行，也不相似，岩层厚度发生明显变化，使各层形成互不关联的形态。不协调褶皱是野外常见的褶皱形式，它的形成是由于不同岩层的岩性、厚度差异，受力的复杂变化造成的。

平行褶皱和相似褶皱是反映褶皱层厚度变化和几何关系规律性变化的两种代表形式，在自然界有一定的广泛性。平行褶皱和相似褶皱中各褶皱面弯曲的形态协调一致或作有规律的变化，其间没有明显的突变现象，因此，属于协调式褶皱。如果褶皱中各褶皱面弯曲的形态彼此明显不同，无几何规律可循或各层的褶皱形式常出现突变，这类褶皱可称为不协调褶皱。褶皱不协调是较为普遍的现象，是由组成褶皱各层的岩性和厚度之差异、各向部分受力不均等原因所引起的。

8. 根据褶皱的组合形式分类

(1)复背斜和复向斜。复背斜或复向斜是由许多次级褶皱所组成的巨大背斜[图 3-31(a)]或巨大向斜[图 3-31(b)]。各次级褶皱与总体褶皱常有一定的几何关系，一般典型的复背斜和复向斜的次级褶皱轴面常向该复背斜或复向斜的核部收敛。然而，由于复背斜和复向斜大都经历过多次构造变形，以致其次级褶皱的形态和产状极为复杂。组成复背斜或复向斜的次级褶皱大都是较紧闭的斜歪褶皱或倒转褶皱，甚至是等斜褶皱，但也有比较宽缓的箱状或圆弧褶皱。复背斜和复向斜的平面形态和延伸方向通常与相邻稳定地块的边界平行，它们中的大型次级褶皱的延伸方向也基本与总体褶皱一致。

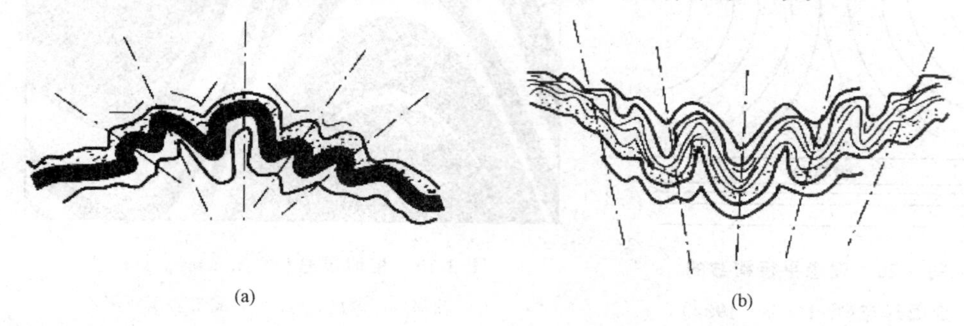

图 3-31　复背斜和复向斜

(a)复背斜；(b)复向斜

构成复背斜和复向斜的次级褶皱枢纽在平面上往往成雁行状排列，相邻次级背斜和向斜的枢纽起伏、交错和消失，从而出现褶皱分叉或合并的现象。在复背斜或复向斜中也常出现局部穹窿和构造盆地。

复背斜和复向斜多形成于地壳运动强烈、有巨厚的沉积岩系，后又遭受强烈水平挤压的构造活动地带。如我国秦岭、天山、喜马拉雅山和欧洲的阿尔卑斯山，北美的阿帕拉契山等褶皱带等。

认识复背斜和复向斜主要是根据新老地层的分布特征。在同一平面上观察，如在它的中央地带的次级褶皱的核部地层老于两侧的次级褶皱的核部地层，该褶皱带为一复背斜；反之，则为复向斜。

(2)隔挡式褶皱和隔槽式褶皱。隔挡式褶皱又称为梳状褶皱，是由一系列平行的背斜和向斜相间组成，其中，背斜是窄而紧闭的，形态完整清楚，呈线状延伸；而两个背斜之间的向斜则开阔平缓。我国四川盆地东部的一系列北北东向褶皱就是这类褶皱的典型实例(图 3-32)。

隔槽式褶皱是由一系列平行的背斜和向斜相间组成，但是其中背斜和向斜形态正好与隔挡式褶皱相反；向斜紧闭且形态完整，呈线状排列，而两向斜之间的背斜则平缓开阔成箱状。我国黔北一湘西一带的褶皱即表现为这种组合形式(图 3-33)。

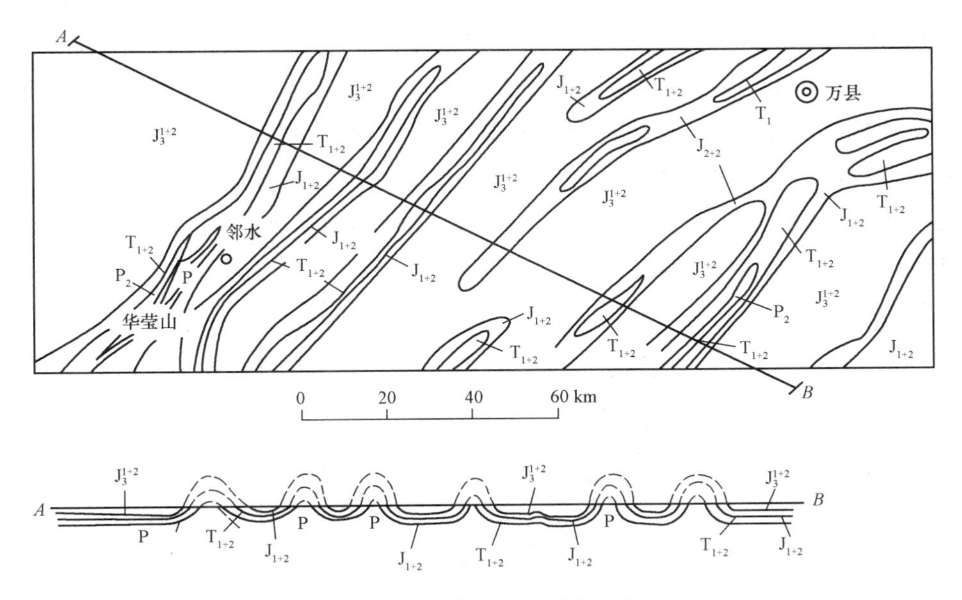

图 3-32　四川盆地东部隔挡式褶皱

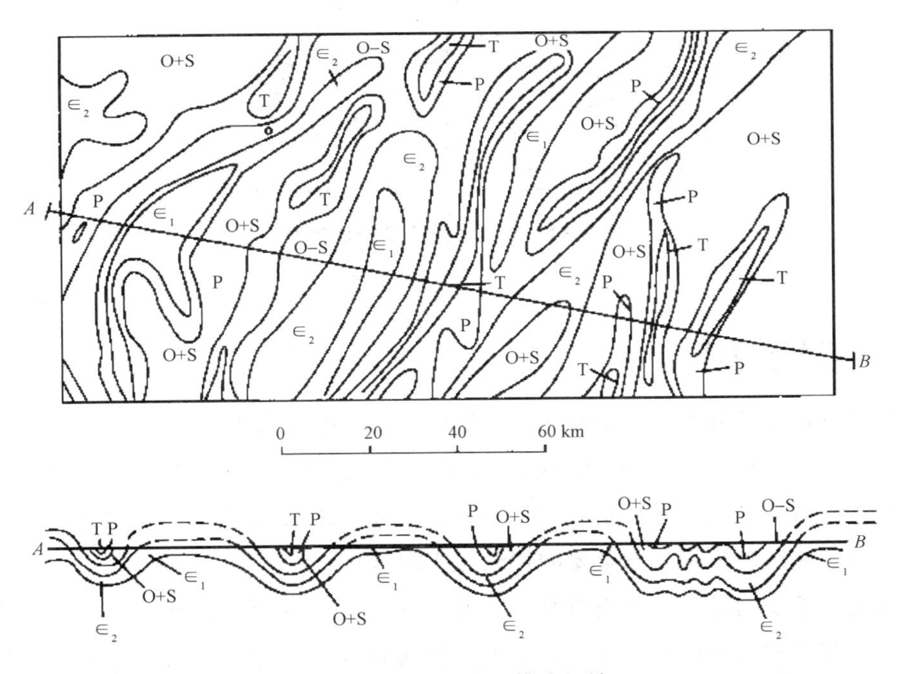

图 3-33　贵州正安隔槽式褶皱

这两种褶皱组合形式的共同特点是：背斜和向斜的变形强度表现各不相同，较紧闭的褶皱与较开阔的褶皱相间并列。关于它们的成因有两种解释：一种解释是盖层褶皱岩层受下伏基底断裂的控制；另一种解释认为由于沉积盖层沿刚性的基底滑脱而形成，称为滑脱构造。欧洲侏罗山中生代和第三纪地层就是沿古生代结晶岩层面滑脱而形成这种褶皱，所以，隔挡式褶皱和隔槽式褶皱又称为侏罗山式褶皱。

(3)雁行褶皱。雁行褶皱又称为斜列式褶皱，为一系列短轴背斜或向斜平行斜列展布，如雁行状。它可以由不同规模的背斜或向斜所组成，是褶皱构造最常见的一种组合形式。

我国华北地区上古生界或中生界含煤向斜盆地，大都呈雁行分布。我国柴达木盆地内的许多褶皱群也都是呈多级次的雁行组合形式。例如，柴达木盆地红三旱地区的褶皱构造，就是由七个短轴背斜组成的雁行式褶皱(图 3-34)。这种褶皱的组合形式一般认为是由于水平力偶作用形成的。

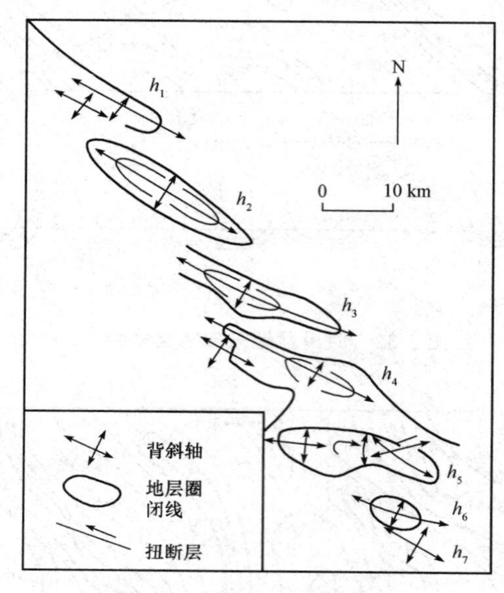

图 3-34 柴达木地区雁行背斜群

3.2.4 褶皱的判别

褶皱判别的基本任务是通过野外观察和填图，结合各种地质勘探资料(物探、钻探、坑探及槽探)，查明褶皱的形态、产状和组合分布特点，探讨褶皱的形成机理，进而判断褶皱的形成时代，为研究区域地质构造、褶皱与矿产、水文工程地质等关系的判断提供基础资料。因此，褶皱的野外识别具有重要的理论与实际意义。

褶皱构造是地质构造的重要组成部分，几乎在所有的沉积岩及部分变质岩构成的山地都会存在不同规模的褶皱构造。小型的褶皱构造可以在一个地质剖面上窥其一个侧面的全貌，而大型构造往往长宽超过数千米到数万米。这样的褶皱构造，虽然在野外观察了一段很长的距离，但仍然未出其一个翼的范围。如果该地区有现成的地质图，应该首先查阅已有的地质图件，并进行分析。褶皱的野外地质识别主要包含以下两种方法。

1. 地质方法

(1)首先根据研究区内岩层顺序、岩性、厚度、各露头产状等进行测量，进而正确地分析和判断褶曲存在与否；其次根据新老岩层对称重复出现的特点判断是背斜还是向斜；最后根据轴面产状、两翼产状以及枢纽产状等判断褶曲的形态(包括横剖面、纵剖面和水平面)。

(2)在野外布置考察路线，一是采取穿越法，即垂直岩层走向进行观察，以便穿越所有岩层并了解岩层的顺序、产状、出露宽度及新老岩层的分布特征；二是在穿越法的基础上，采取追索法，即沿着某一标志层(即厚度比较稳定、岩性比较固定鲜明、在地貌上的反映比较突出的岩层)的延伸方向进行观察，以便了解两翼是否平行延伸，还是逐渐汇合等情况。这两种方法可以交叉使用，或以穿越法为主，追索法为辅，以便获知褶曲构造在三度空间的形态轮廓。

2. 地貌方法

各种岩层软硬薄厚不同，构造不同，在地貌上常有明显的反映。例如，坚硬岩层常形成高山、陡崖或山脊，柔软地层常形成缓坡或低谷等。因此，不同的地貌形态反映出不同的褶皱特性，主要表现如下：

(1)水平岩层。有些水平岩层不是原始产状，而是大型褶皱构造的一部分。例如，转折端部分、扇形褶皱的顶部或槽部、构造盆地的底部、挠曲的转折部分等。这样的岩层常表现为四周为断崖峭壁的平缓台地、方山(平顶的山)以及构造盆地的平缓盆底。

(2)单斜岩层。大型褶皱构造的一个翼或构造盆地的边缘部分，常表现为一系列单斜岩层。这样的岩层，一边在倾向方向顺着层面进行面状侵蚀，故地形面常与岩层坡度大体一致；一边在反倾向方向进行侵蚀，常沿着垂直裂隙呈块体剥落，形成陡坡和峭壁。因此，如果单斜岩层倾角较小，一般为20°～30°，则形成一边陡坡一边缓坡的山，叫作单面山；如果单斜岩层倾角较大，一般为50°～60°，则形成两边皆陡峻的山，叫作背崖。

(3)穹窿构造、短背斜和构造盆地。穹窿构造、短背斜常形成一组或多组同心圆或椭圆式分布的山脊，如果岩层产状平缓，则里坡陡而外坡缓。此外，穹窿构造、短背斜地区常发育有放射状或环状水系。

构造盆地地区，四周常为由老岩层构成的高山，至盆地底部岩层转为平缓，并且多出现较新的岩层。如四川盆地，北部大巴山主由古生代和前古生代岩层组成，在盆地中心则主由中生代及新生代岩层组成。但应指出，大型构造盆地的地貌形态常为次一级构造所复杂化，如四川盆地东部出现一系列隔挡式褶皱形成的山地和沟谷。

(4)水平褶皱及倾伏褶皱。在水平褶皱地区，常沿两翼走向形成互相平行而对称排列的山脊和山谷。在倾伏褶皱地区，常形成弧形或“之”字形展布的山脊和山谷。

(5)背斜和向斜。地形有时与地质构造基本一致，即形成背斜山和向斜谷。但在更多的情况下，是在背斜部位侵蚀成谷，在向斜部位发育成山，即形成背斜谷和向斜山。这种地形与构造不相吻合的现象称为地形倒置。

3. 褶皱构造野外识别一般步骤

(1)判断褶皱的有无。褶皱构造的基本特点是不同时期的地层对称重复出现，所以，垂直岩层走向观察，若发现地层为对称重复出现时，就可以确定为褶皱构造区。

(2)确定褶皱的基本类型。根据核部和两翼岩层形成年代的新老关系，确定褶皱是背斜还是向斜，根据其枢纽与轴面产状及地层特征，进一步确定褶皱的形态类型。

(3)根据区域地质图判别。褶皱构造在地质图上的表现特征与野外识别方法是基本相同的。但需要说明的是，首先，在地质图上地层年代均已用符号标注，必须对其符号所代表的年代及其先后顺序熟悉。其次，倾伏褶皱在地质图上地层分界线呈现出弯曲形状，容易辨认，且在轴线上标注出背斜“⤡”，向斜“⋇”符号。再次，注意地层接触关系，在褶皱区地质图上，常有角度不整合出现，不同时期地层分界线在平面图上也呈一定角度相交。最后，注意岩层产状变化。

3.2.5 褶皱的工程地质评价

褶皱构造对工程的影响程度与褶皱类型、褶皱部位密切相关，对于某一具体工程来说，所遇到的褶皱构造往往是其中的一部分，因此，褶皱构造的工程地质评价应根据具体情况作具体的分析。褶皱构造的规模、形态、形成条件和形成过程各不相同，而工程所在地往往仅是褶皱构造的局部部位。因此，对比和了解褶皱构造的整体乃至局部区域特征，对于选址、选线及防止突发性事故是十分重要的。

(1)褶皱的翼部。不论是背斜褶皱还是向斜褶皱，在褶皱的翼部遇到的，基本是单斜构造，也就是倾斜岩层的产状与路线或隧道轴线走向的关系问题。

一般来讲，褶皱翼部的工程地质问题主要是单斜构造中倾斜岩层引起的顺层滑坡问题。倾斜岩层作为建筑物地基时，一般无特殊不良的影响，但对于深路堑、高切坡及隧道工程等则有影响。

对于深路堑、高切坡来说，当路线垂直岩层走向，或路线与岩层走向平行但岩层倾向与边坡倾向相反形成反向坡时，就岩层产状与路线走向的关系而言，对边坡的稳定性是有利的。当路线走向与岩层的走向平行，边坡与岩层的倾向一致，特别是在云母片岩、绿泥石片岩、滑石片岩、千枚岩等松软岩石分布地区，坡面容易发生风化剥蚀，产生严重碎落坍塌，对路基边坡及路基排水系统会造成经常性的危害，对边坡的稳定性是不利的。当路线与岩层走向平行且岩层倾向与边坡倾向一致形成顺向坡，而边坡的坡角大于岩层的倾角，特别是在石灰岩、砂岩与黏土质页岩互层，且有地下水作用时，如路堑开挖过深，边坡过陡，或者由于开挖使软弱构造面暴露，都容易引起斜坡岩层发生大规模的顺层滑动，破坏路基稳定，对边坡的稳定性是最不利的。

对于隧道工程来说，从褶皱的翼部通过一般较为有利。如果中间有软弱岩层或软弱结构面时，则在顺倾向一侧的洞壁，有时会出现明显的偏压现象，甚至会导致支护结构的破坏，发生局部坍塌。因此，对于诸如隧道等常见的深埋地下工程，一般应布置在褶皱的翼部，而不是褶皱的顶部或底部。这是由于背斜顶部岩层受张力作用可能坍落，向斜核部则是储水较丰富的地段。

(2)褶皱的核部。由于褶皱核部是岩层受构造应力最为强烈、最为集中的部位，因此，在褶皱核部，不论是公路、隧道或桥梁工程，容易遇到工程地质问题，主要是由于岩层破碎产生的岩体稳定问题和向斜核部地下水的问题。这些问题在隧道工程中往往显得更为突出，容易产生隧道塌顶和涌水现象。

褶皱核部岩层由于受水平挤压作用，产生许多裂隙，直接影响岩体的完整性和强度，在石灰岩地区还往往使岩溶较为发育。因此，在褶皱的核部布置各种建筑工程，如厂房、路桥、坝址、隧道等，必须注意岩层的坍落、漏水及涌水问题。

(3)褶皱的轴部。褶皱的轴部是岩层倾向发生显著变化的地方，就构造作用对岩层整体性的影响来说，又是岩层受应力作用最集中的地方。所以，在褶皱构造的轴部，不论公路、隧道或桥梁工程，容易产生隧道塌顶和涌水现象，有时会严重影响正常施工。

3.3 断裂构造

岩层受构造运动作用，当所受的构造应力超过岩石强度时，岩石连续完整性遭到破坏，产生断裂，称为断裂构造。

断裂构造包括节理和断层两类。在构造地质学中，将岩石破裂且两侧的岩块沿破裂面有明显滑动者称为断层，沿破裂两侧无明显位移的断裂称为裂隙或节理。断裂构造也是地壳中最为常见的一种变形构造，它既可发育于沉积岩中，也可发育于岩浆岩与变质岩中。和褶皱一样，断裂的规模和尺度也有许多级别，最大的断裂延伸可达几千公里，常是划分岩石圈板块的边界构造，如大洋中脊和大陆裂谷。区域性的大断裂也可以长达几百至上千公里，多成为区域构造格架的主体。最小的断裂则很微小，其尺度要在高倍显微镜下才能看见，如矿物晶格的错移。

3.3.1 节理

节理是指岩层受力断开后，裂面两侧岩层沿断裂面没有明显的相对位移时的断裂构造。节理是一种没有明显位移的脆性断裂，是地壳上部岩石中发育最广的一种构造。其中，由地球内力作用使岩石受力而产生的节理叫作构造裂隙，由地球外力作用而产生的裂隙叫作非构造裂隙，其中，由风化作用产生的裂隙叫作风化裂隙，在岩石形成过程中产生的裂隙叫作成岩裂隙。

节理的断裂面称为节理面。节理分布广泛，几乎所有岩层中都有节理发育。节理的延伸范围变化较大，由几厘米到几十米不等。节理面在空间的状态称为节理产状，其定义和测量方法与岩层面产状类似。节理常把岩层分割成形状不同、大小不等的岩块，小块岩石的强度与包含节理的岩体的强度明显不同。此外，节理的性质、产状和分布规律与区域性地质构造有着密切的成因联系，节理的研究可以为其他地质构造的研究提供重要的线索。

由此可见，节理的研究具有重要的理论和实践意义。

3.3.1.1 节理分类

节理按成因、力学性质、与岩层产状的关系和节理张开程度，可划分为不同类型，简述如下。

1. 按成因分类

节理按成因可分为原生节理、构造节理和表生节理；也可划分为原生节理和次生节理，次生节理再分为构造节理和非构造节理。

(1)原生节理。原生节理是指岩石形成过程中形成的节理。如玄武岩在冷却凝固时形成的柱状节理，如图 3-35 所示。

图 3-35 玄武岩柱状节理

(2)构造节理。构造节理是指由构造运动所产生的构造应力而形成的节理。构造节理常常成组出现，可将其中一个方向的一组平行破裂面称为一组节理。同一期构造应力形成的各组节理常有成因上的联系，并按一定规律组合，如图 3-36 所示。不同时期的节理则对应错开，如图 3-37 所示。

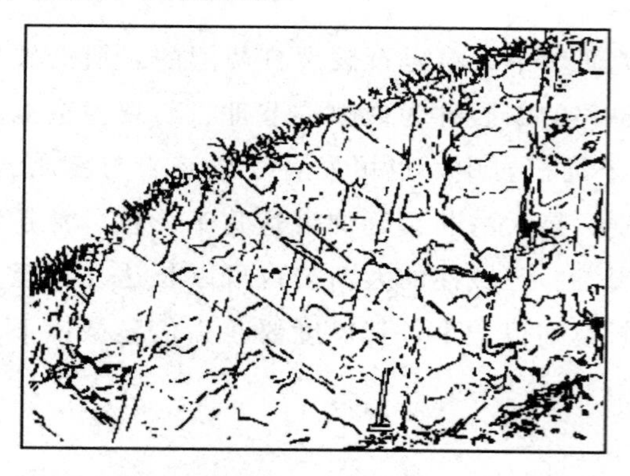

图 3-36 山东诸城白垩系砂岩的构造节理

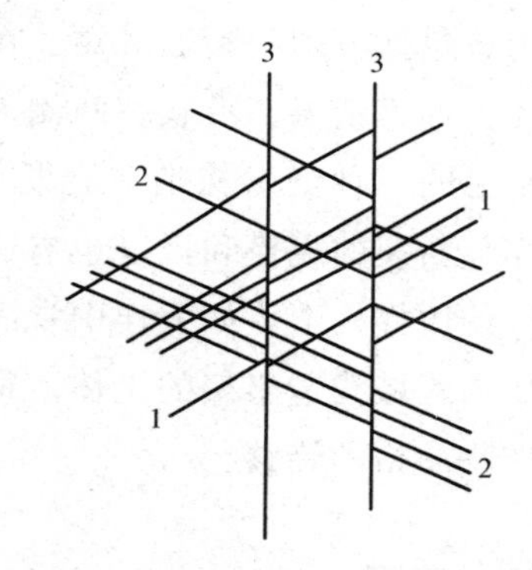

图 3-37 对应错开中的两组共轭节理

(3)表生节理。表生节理是由卸荷、风化、爆破等作用形成的节理，分别称为卸荷节理、风化节理、爆破节理等。常称这种节理为裂隙，属非构造次生节理。表生节理一般分布在地表浅层，大多无一定方向性。

2. 按力学性质分类

(1)剪节理。岩石受剪应力作用发生剪切破裂而形成的节理，叫作剪节理，它一般出现在与最大主应力呈 45°夹角的平面上，且共轭出现，呈 X 状交叉，构成 X 形剪节理。剪节理一般为构造节理，即由构造应力形成的剪切破裂面组成，一般与主应力成($45°-\varphi/2$)的角度相交。其中，φ 为岩石内摩擦角。剪节理面多平直，常呈密闭状态，或张开度很小，在砾岩中可以切穿砾石，如图 3-38 所示。剪节理具有以下特征：

1)产状比较稳定，在平面上沿走向延伸较远，在剖面上向下延伸较深。

2)常具紧闭的裂口，节理面平直而光滑，沿节理面可有轻微位移，因此，在节理面上常具有擦痕、镜面等。

3)在碎屑岩中的剪节理，常切开较大的碎屑颗粒、砾石、结核或岩脉等。

4)节理间距较小，常呈等间距均匀分布，密集成带。

5)常平行排列、雁行排列，成群出现，或两组交叉，称为“X 节理”或称为“共轭节理”，如图 3-38 所示。两组节理有时一组发育较好，另一组发育较差。

(2)张节理。在垂直于主张应力方向上发生张裂而形成的节理，称之为张节理。张节理大多发育在脆性岩石中，尤其在褶皱转折端等张拉应力集中的部位最发育。张节理主要有以下特征：

1)产状不甚稳定，在岩石中延伸不深不远。

2)多具有张开的裂口，节理面粗糙不平，面上没有擦痕，节理有时为矿脉所填充。

3)在碎屑岩中的张节理，常绕过砂粒和砾石，节理随之呈弯曲形状。

4)节理间距较大，分布稀疏而不均匀，很少密集成带。

5)常平行出现或呈雁行式(即斜列式)出现，有时沿着两组共扼呈 X 形的节理断开形成锯齿状张节理，称为追踪张节理。

张节理可以是构造节理，也可以是表生节理、原生节理等。张节理张开度较大，节理面粗糙不平，如图 3-38 所示。

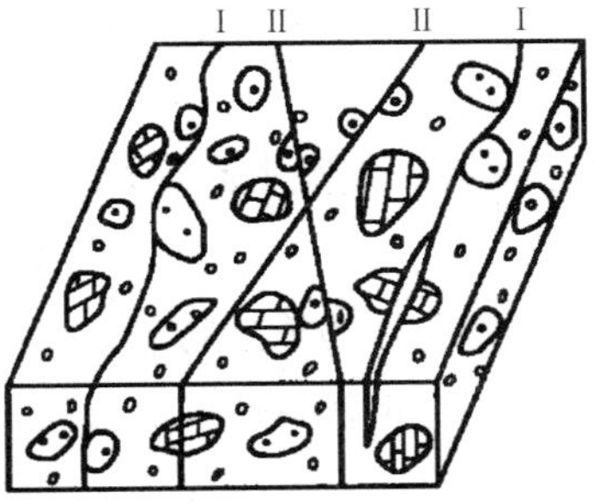

图 3-38　砾岩中的张节理和剪节理

Ⅰ—张节理；Ⅱ—剪节理

3. 按与岩层产状的关系分类(图 3-39)

(1)走向节理：节理走向与岩层走向平行。

(2)倾向节理：节理走向与岩层走向垂直。

(3)斜交节理：节理走向与岩层走向斜交。

(4)顺层节理：节理面与所在岩层的层面大致平行。

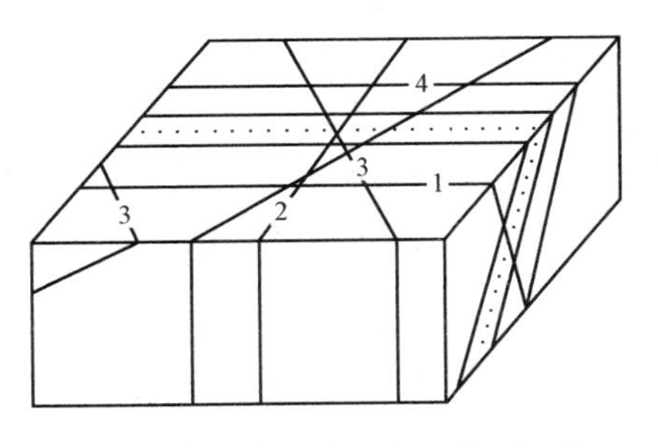

图 3-39　节理按与岩层产状关系分类

1—走向节理；2—倾向节理；

3—斜交节理；4—顺层节理

4. 按节理张开程度分类

(1)宽张节理：节理缝宽度大于 5 mm。

(2)张开节理：节理缝宽度为 3～5 mm。

(3)微张节理：节理缝宽度为 1～3 mm。

(4)闭合节理：节理缝宽度小于 1 mm。

3.3.1.2　节理发育程度分级

按节理的组数、密度、长度、张开度等情况，将节理划分为表 3-2 所示几种类型。

表 3-2 节理发育程度分级

发育程度等级	基本特征
节理不发育	节理1～2组，规则，为构造型，间距在1 m以上，多为密闭节理，岩体切割成大块状
节理较发育	节理2～3组，呈X形，较为规则，以构造型为主，多数间距大于0.4 m，多为密闭节理，部分为微张节理，少有填充物，岩体切割成大块状
节理发育	节理3组以上，不规则，呈X形或“米”字形，以构造型或风化型为主，多数间距小于0.4 m，大部分为张开节理，部分有填充物，岩体切割成块石状
节理很发育	节理3组以上，杂乱，以风化和构造型为主，多数间距小于0.2 m，以张开节理为主，有个别宽张节理，一般均有填充物，岩体切割成碎裂状

3.3.1.3 节理野外地质调查

1. 节理野外调查原则

为了更好地评价节理对岩体工程地质性质的影响，首先进行节理的野外调查统计。野外观测时，观测点的选定视工程地质情况及节理发育情况，一般遵循以下原则：

(1)观测点一般选定于露头良好，特点鲜明且便于测量的地方。

(2)节理的构造特征清晰，岩层产状相对稳定。

(3)节理发育状况良好，不同节理及其组系之间关系鲜明。

(4)观测点不仅要体现节理的构造特点，其一般均位于岩体或场地的重要部位，且在不同地层、不同岩性中均应布置观测点。

2. 节理野外观测内容

(1)地质背景：了解节理发育地区地质背景及节理所在构造部位的特点，主要包括褶皱、断层、地层岩性及地质历史时期等。

(2)节理类型判别及组系划分：主要是对节理进行分类，区别不同节理类型及主节理与次节理。

(3)节理组数、产状测定：节理产状测定方法与测定岩层产状要素相同，若岩层未揭露，可采用卡片插入节理内，测量卡片产状即可。

(4)节理的延伸长度：主要测量节理的相互平行性和延伸长度及节理走向的变化趋势。

(5)节理的发育程度：节理的发育程度依据节理的组数和大小来评价。岩性和层理对节理的发育具有较大影响，如塑性岩层剪节理较张节理发育，脆性岩层张节理较剪节理发育。

3. 节理玫瑰花图

对节理十分发育的岩层，在野外许多岩体裸露部分可以观察到数十条以至数百条节理。它们的产状多变，为了确定它们的主导方向，必须对每个裸露部分的节理产状逐条进行测量统计，编制该地区节理玫瑰花图、极点图或等密度图，由图上确定节理的密集程度及主导方向。一般在 1 m^2 的裸露部分进行测量统计。室内资料整理与统计常用的方法是制作节理玫瑰图，主要有以下两类：

(1)节理走向玫瑰花图。节理走向玫瑰花图是用节理的走向编制，如图 3-40 所示。节理走向玫瑰图一般在一半圆上分画 0°～90°和 0°～270°的方位，把所测得的节理走向按每 5°或 10°分组并统计每一组内节理数和平均走向，按各组平均走向，自圆心沿半径以一定长度代表每一组节理的个数，然后用折线相连，即得节理走向玫瑰花图。

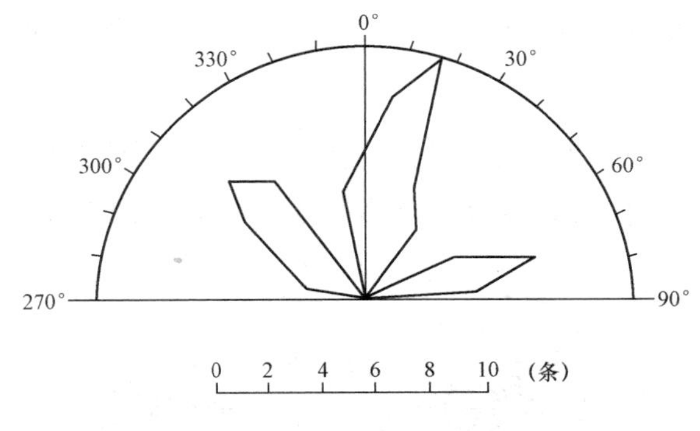

图 3-40　节理走向玫瑰花图

(2)节理倾向、倾角玫瑰花图。节理倾向玫瑰花图是用节理倾向编制。把所测得的节理倾向按 5°或 10°间隔进行分组，统计每组节理平均倾向和个数。在注有方位角的圆周图上，以节理个数为半径，按各组平均倾向定出各组的点，用折线连接各点即得节理倾向玫瑰花图。用节理统计资料的各组平均倾向和平均倾角作图，圆半径长度代表平均倾角，可得节理倾角玫瑰花图，如图 3-41 所示。

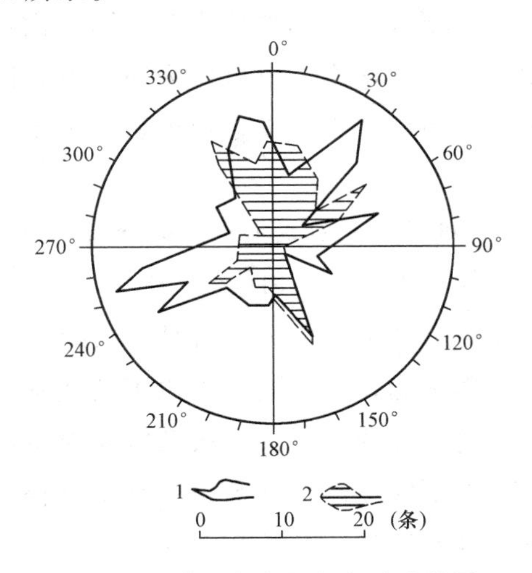

图 3-41　节理倾向、倾角玫瑰花图

1—倾向玫瑰花图；2—倾角玫瑰花图

3.3.2 断层

断层是指岩层受力断开后，断裂面两侧岩层沿断裂面有明显相对位移时的断裂构造。断层一般广泛发育，但规模相差很大。大的断层延伸数百千米甚至上千千米，小的断层在手标本上就能见到。有的断层切穿了地壳岩石面，有的则发育在地表浅层。断层是一种重要的地质构造，对工程建筑的稳定性起着重要作用，如地震与活动性断层有关，隧道中大多数的塌方、涌水均与断层有关。因此，研究断层具有重要的理论与实践意义。

3.3.2.1 断层要素

为阐明断层空间分布状态和断层两侧岩层的运动特征，将断层各组成部分赋予一定名称，称为断层要素，包括断层面、断盘、断层线和断距，如图 3-42 所示。

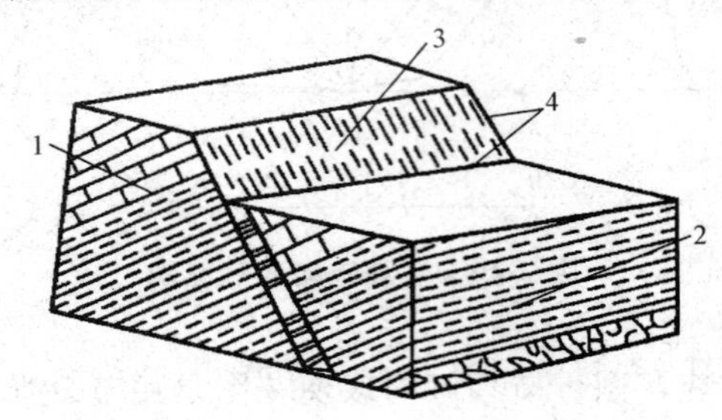

图 3-42 断层要素

1、2—断盘(1 为下盘，2 为上盘)；3—断层面；4—断层线

(1)断层面。被错开的两部分岩石沿之滑动的破裂面称为断层面。断层面的产状用走向、倾向和倾角表示，其测量与记录方法同岩层产状。断层面可以是水平的、倾斜的或直立的，以倾斜的最多。其形状可以是平面，也可以为曲面或台阶状。有时断层两侧的运动并不是沿一个面发生，而是沿着由许多破裂面组成的破裂带发生，这个带称为断层破碎带或断裂带。

(2)断层线。断层线是断层面与地平面或垂直面的交线，它反映断层的延伸方向和断层的延伸规模，断层线可以是直线，也可以是曲线。

(3)断盘。断层面两侧相对移动的岩块称作断盘。当断层面倾斜时，断盘有上、下之分，位于断层面以上的断块叫作上盘，位于断层面以下的叫作下盘。断层面为直立时，往往以方向来说明，如称为断层的东盘或西盘。如按两盘相对运动来分，相对上升的断块叫作上升盘，相对下降的断块叫作下降盘。上升盘与上盘不见得是一致的，上升盘可以是上盘，也可以是下盘；下盘可以是上升盘，也可以是下降盘。

(4)断距。断距是指岩层中同一点被断层断开后的位移量。断层两盘岩石沿断裂面的相对错动称为断层位移。断层位移的距离可以在断层两盘上选择一定的标志(对应点或对应层)来计算。断层面上相应点被错开的实际距离称为总滑距；总滑距在断层面走向上的投影长度称为走向滑距；总滑距在断层面倾斜线上的投影长度称为倾向滑距(图 3-43)。由于在断层面上很难找到相互错开的对应点，因此，常用断层两盘的对应层(标志性岩层或地层)错动来估算断层位移距离。被错断岩层在断层两盘上的对应层之间的相对距离称为断距。其中，断层两盘上对应层之间的垂直距离称为地层断距；对应层之间的铅直距离称为铅直地层断距；对应层之间的水平距离称为水平地层断距(图 3-43)。

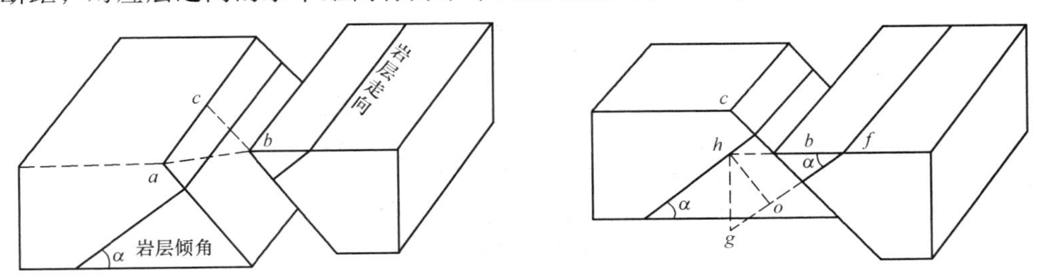

图 3-43　断层位移距离示意图

ab—总滑距；*ac*—走向滑距；*bc*—倾向滑距；

ho—地层断距；*hg*—铅直地层断距；*hf*—水平地层断距

3.3.2.2　断层分类

1. 按断层上、下两盘相对运动方向分类

(1)正断层。上盘相对下降，下盘相对上升的断层称为正断层，如图 3-44 所示。断层面的倾角一般较陡，多在 45°以上。正断层是在张力或重力作用下形成的，可单独出露，也可呈多个连续组合形式出露，如地堑、地垒和阶梯状断层，如图 3-45 所示。走向大致平行的多个正断层，当中间地层为共同的下降盘时，称为地堑；当中间地层为共同的上升盘时，称为地垒。组成地堑或地垒两侧的正断层，可以单条产出，也可以由多条产状近似的正断层组成，形成依次向下断落的阶梯状断层。

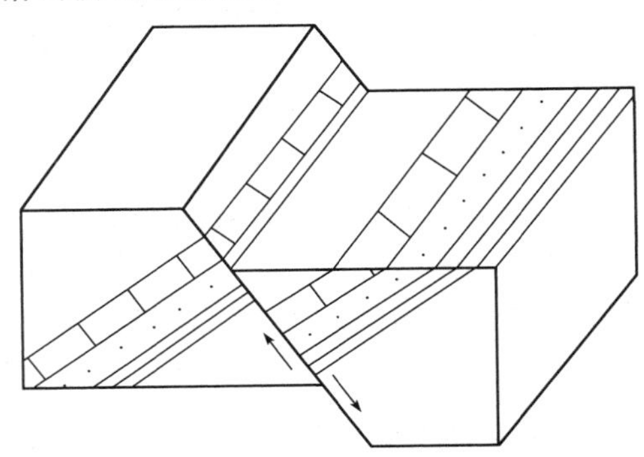

图 3-44　正断层图

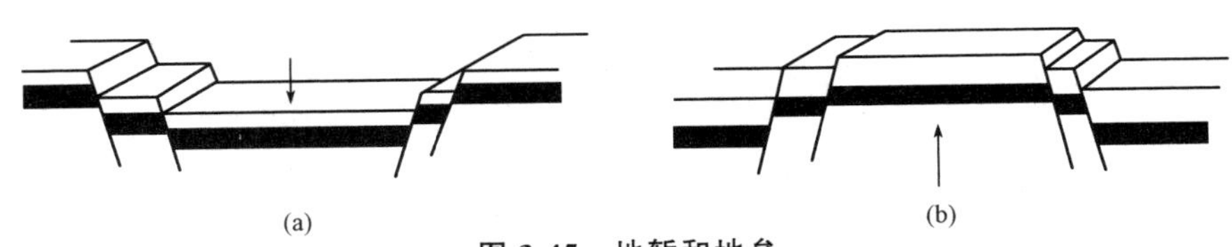

图 3-45　地堑和地垒

(a)地堑；(b)地垒

(2)逆断层。上盘相对上升，下盘相对下降的断层称为逆断层，如图 3-46 所示。逆断层主要是在水平挤压力作用下形成的，常与褶皱伴生。逆断层又可根据断层面的倾角分为冲断层、逆掩断层和辗掩断层三类。

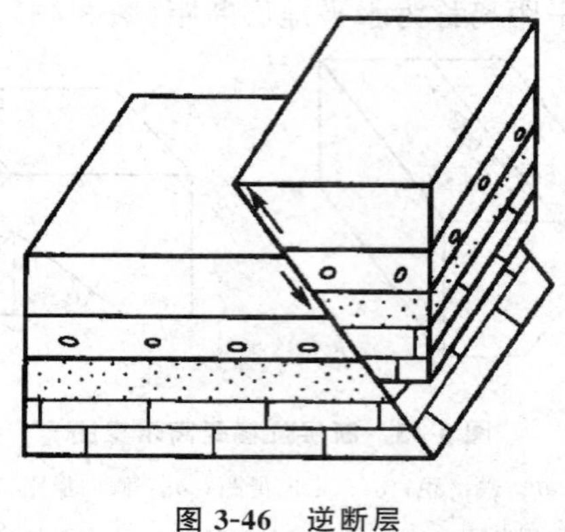

图 3-46 逆断层

1)冲断层：指断层面倾角大于 45°的逆断层。

2)逆掩断层：指断层面倾角为 25°～45°的逆断层。

3)辗掩断层：指断层面倾角小于 25°的逆断层。一般规模巨大，常有时代老的地层被推覆到时代新的地层之上，形成逆冲推覆构造，如图 3-47 所示。

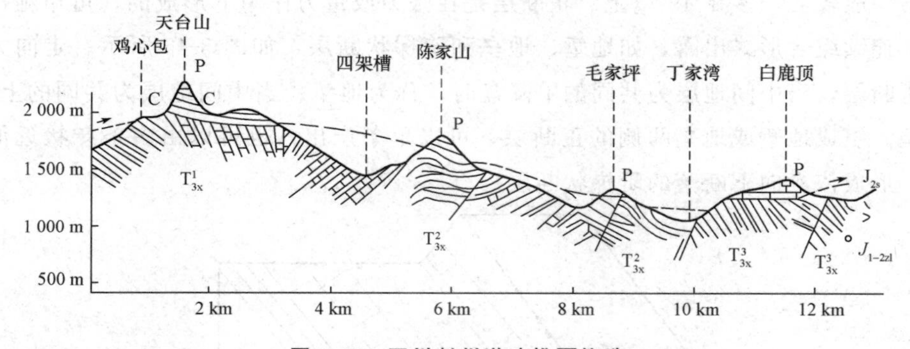

图 3-47 四川彭州逆冲推覆构造

当一系列逆断层大致平行排列，在横剖面上看，各断层的上盘依次上冲时，其组合形式称为迭瓦式断层，如图 3-48 所示。

(3)平移断层。平移断层是指断层两盘主要在水平方向上相对带动的断层，如图 3-49 所示。平移断层的断层面近于直立，断层面上可见水平的擦痕，一般为地壳水平剪切应力作用形成。

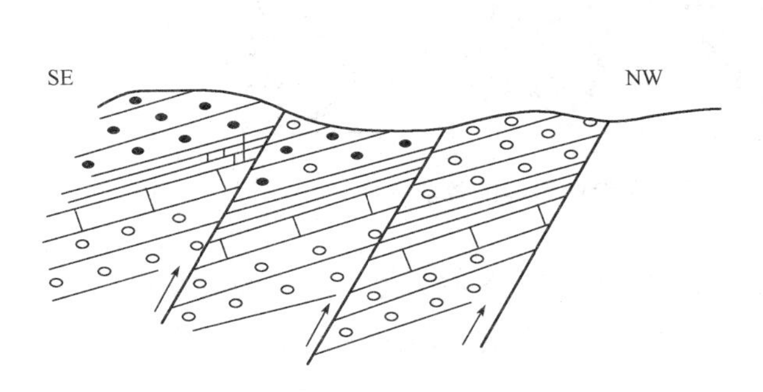

图 3-48　迭瓦式断层

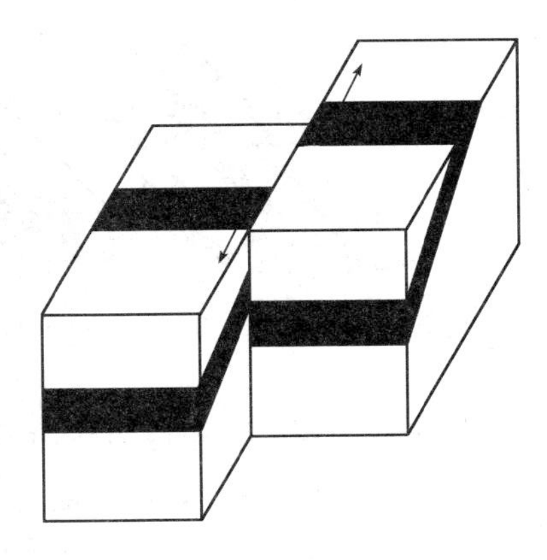

图 3-49　平移断层

2. 按断层面与岩层产状关系分类

(1)走向断层。断层走向与岩层走向一致的断层，如图 3-50 中的 F_1 断层。

(2)倾向断层。断层走向与岩层走向一致的断层，如图 3-50 中的 F_2 断层。

(3)斜向断层。断层走向与岩层走向斜交的断层，如图 3-50 中的 F_3 断层。

3. 按断层面走向与褶曲轴走向关系分类

(1)纵断层。断层走向与褶曲轴走向平行的断层，如图 3-51 中的 F_1 断层。

(2)横断层。断层走向与褶曲轴走向垂直的断层，如图 3-51 中的 F_2 断层。

(3)斜断层。断层走向与褶曲轴走向斜交的断层，如图 3-51 中的 F_3 断层。

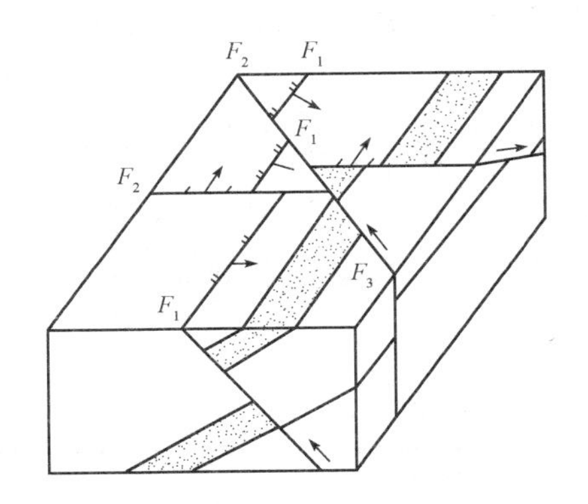

图 3-50　按断层面与岩层产状关系分类

F_1—走向断层；F_2—倾向断层；F_3—斜向断层

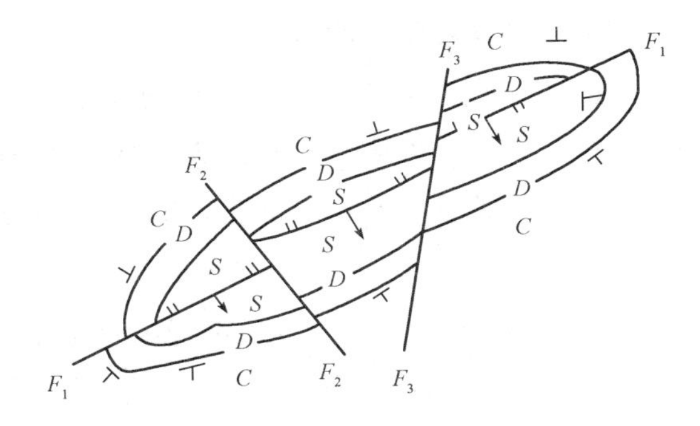

图 3-51　按断层面走向与褶曲轴线走向关系分类

F_1—纵断层；F_2—横断层；F_3—斜断层

当断层面切割褶曲轴时，在断层上、下盘同一地层出露界线的宽窄常发生变化，背斜上升盘核部地层变宽，向斜上升盘核部地层变窄，如图 3-52 所示。

4. 按断层力学性质分类

(1)压性断层。由压应力作用形成，其走向垂直于主压应力方向，断面为舒缓波状，断裂带宽大，常伴随有角砾岩。

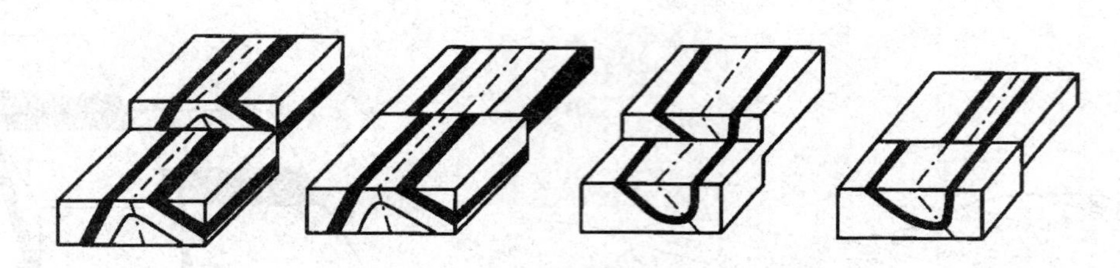

图 3-52　褶曲被横断层错断引起的效应

(2)张性断层。在张应力作用下形成，其走向垂直于张应力方向，常为正断层形式，断层面粗糙，多呈锯齿状，沿着断层裂缝常有岩脉、矿脉填充，如尚未完全胶结，常形成地下水的通道。

(3)扭性断层。自然界纯张纯压的断层，事实上并不多见，多为扭动断层。扭动断层是在剪应力作用下形成，与主压应力方向交角小于45°，常成对出现，断层面平直光滑，常有大量擦痕。

3.3.3 断层的判别

判断一条断层是否存在，主要是依据地层的重复、缺失和构造不连续这两个标志。其他标志只能作为辅证，不能依此下定论。

1. 构造线标志

同一岩层分界线、不整合接触界面、侵入岩体与围岩的接触带、岩脉、褶曲轴线、早期断层线等，在平面或剖面上出现了不连续，则有断层存在，如图 3-50、图 3-51 所示。

2. 地层(岩层)分布标志

一套顺序排列的岩层，由于走向断层的影响，常造成部分地层的重复和缺失现象。即断层使岩层发生错动，经剥蚀夷平作用使两盘地层处于同一水平面时，会使原来顺序排列的地层出现部分重复或缺失。通常有六种情况造成的地层重复和缺失，见表 3-3 和图 3-53。

表 3-3　走向断层造成的地层重复和缺失

断层性质	断层倾向与地层倾向的关系		
	二者倾向相反	二者倾向相同	
		断层倾角大于岩层倾角	断层倾角小于岩层倾角
正断层 逆断层	重复[图 3-53(a)] 缺失[图 3-53(d)]	缺失[图 3-53(b)] 重复[图 3-53(e)]	重复[图 3-53(c)] 缺失[图 3-53(f)]
两盘相对动向	下降盘出现新地层	下降盘出现新地层	上升盘出现新地层

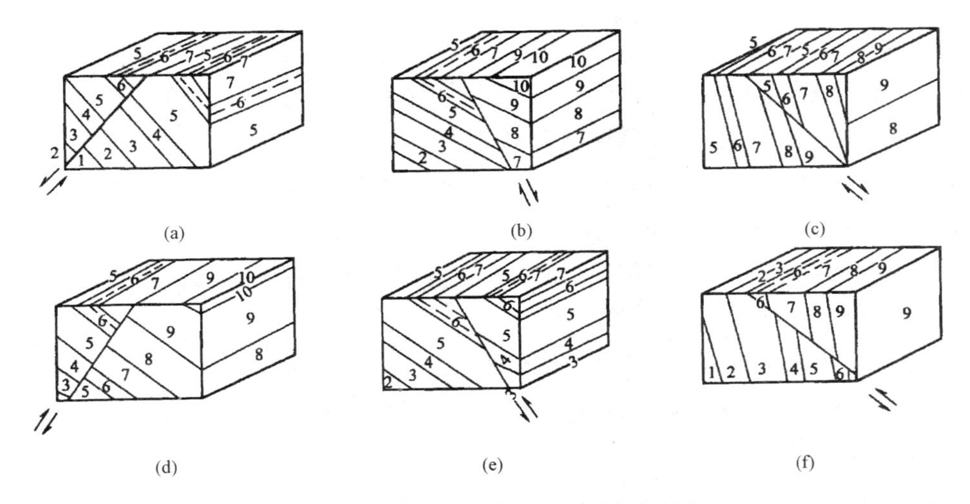

图 3-53　走向断层造成的地层重复和缺失

(a)正断层重复(断层倾向相反)；(b)正断层缺失(断层倾向相同)；(c)正断层重复(断层倾向相同)；(d)逆断层缺失(断层倾向相反)；(e)逆断层重复(断层倾向相同)；(f)逆断层缺失(断层倾向相同)

3. 断层的伴生现象

当断层通过时，在断层面(带)及其附近常形成一些构造伴生现象，也可作为断层存在的标志。

(1)擦痕、阶步和摩擦镜面。断层上、下盘沿断层面作相对运动时，因摩擦作用，在断层面上形成一些刻痕、小阶梯或磨光的平面，分别称为擦痕、阶步和摩擦镜面，如图 3-54 所示。

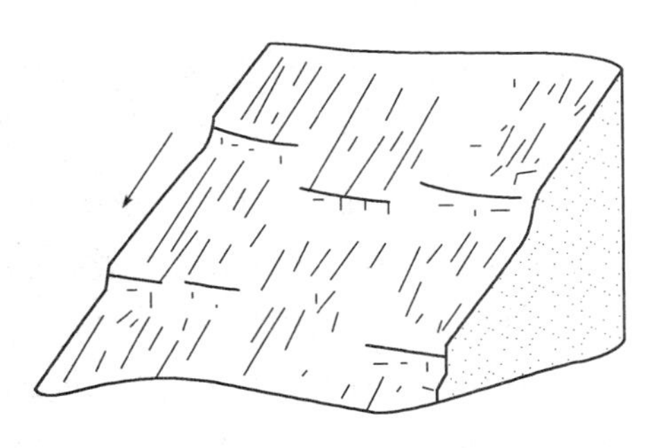

图 3-54　擦痕与阶步

(2)构造岩。因地应力沿断层面集中释放，常造成断层面处岩体十分破碎，形成一个破碎带，称为断层破碎带。破碎带宽几十厘米至几百米不等，破碎带内碎裂的岩、土体经胶结后称为构造岩。构造岩中碎块颗粒直径大于 2 mm 时称为断层角砾岩；当碎块颗粒直径为 0.01～2 mm时称为碎裂岩；当碎块颗粒直径更小时称为糜棱岩；当颗粒均研磨成泥状时称为断层泥。

(3)牵引现象。断层运动时，断层面附近的岩层受断层面上摩擦阻力的影响，在断层面附近形成弯曲现象，称为断层牵引现象，其弯曲方向一般为本盘运动方向，如图 3-55 所示。

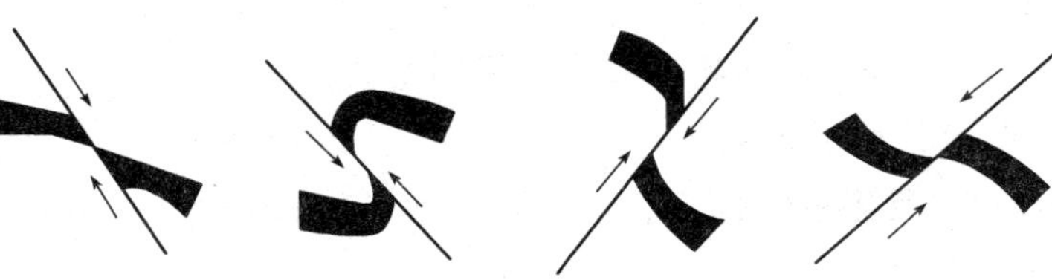

图 3-55　牵引现象

4. 地貌标志

在断层通过地区，沿断层线常形成一些特殊地貌现象，包括以下几个方面：

(1)断层崖和断层三角面：在断层两盘的相对运动中，上升盘常常形成陡崖，称为断层崖，如峨眉山金顶舍身崖、昆明滇池西山龙门陡崖。当断层崖受到与崖面垂宜方向的地表流水侵蚀切割，使原崖面形成一排三角形陡壁时，称为断层三角面。

(2)断层湖、断层泉：沿断层带常形成一些串珠状分布的断陷盆地、洼地、湖泊、泉水等，可指示断层延伸方向。

(3)错断的山背、急转的河流：正常延伸的山脊突然被错断，或山脊突然断陷成盆地、平原，正常流经的河流突然产生急转弯，一些顺直深切的河谷，均可指示断层延伸的方向。

5. 断层性质的判别

判别断层性质，首先要确定断层面的产状，从而确定出断层的上、下盘，再确定上、下盘的运动方向，进而确定断层的性质。断层上、下盘运动方向，可由以下几个方面进行判别：

(1)地层时代：在断层线两侧，通常上升盘出露地层较老，下降盘出露地层较新。地层倒转时相反。

(2)地层界线：当断层横截褶曲时，背斜上升盘核部地层变宽，向斜上升盘核部地层变窄。

(3)断层伴生现象：刻蚀的擦痕凹槽较浅的一端、阶步陡坎方向，均指示对盘运动方向。牵引现象弯曲方向则指示本盘运动方向。

(4)符号识别：在地质图上，断层一般用粗红线醒目地标示出来，表示方法如图 3-56 所示，断层性质用相应符号表示。正断层和逆断层符号中，箭头所指为断层面倾向，角度为断层面的倾角，短齿所指方向为上盘运动方向。正断层用单齿线，逆断层用双齿线。平移断层符号中箭头所指方向为本盘运动方向。

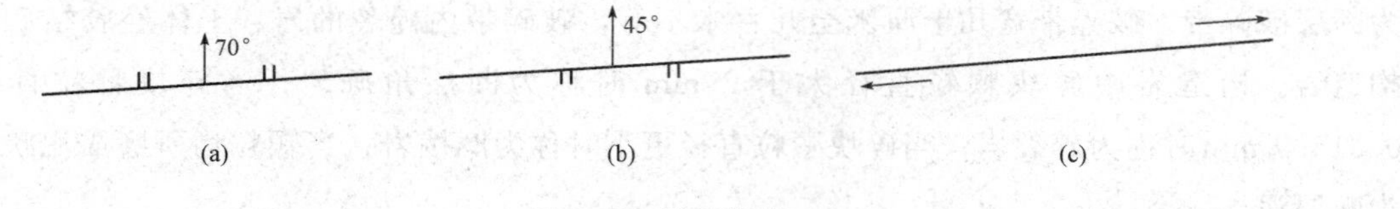

图 3-56　断层符号

(a)正断层；(b)逆断层；(c)平移断层

6. 断层的形成时代

确定断层形成时代视具体地质情况可采用不同方法。一般遵循以下基本原则：断层发生的年代晚于被错断最新地层的年代，早于以不整合覆盖在断层之上的最老地层的年代。如图 3-57 所示的断层，其形成年代为二叠纪与三叠纪之交，即早于三叠纪，晚于二叠纪。断层形成时代是评价其对工程稳定性影响的重要指标。

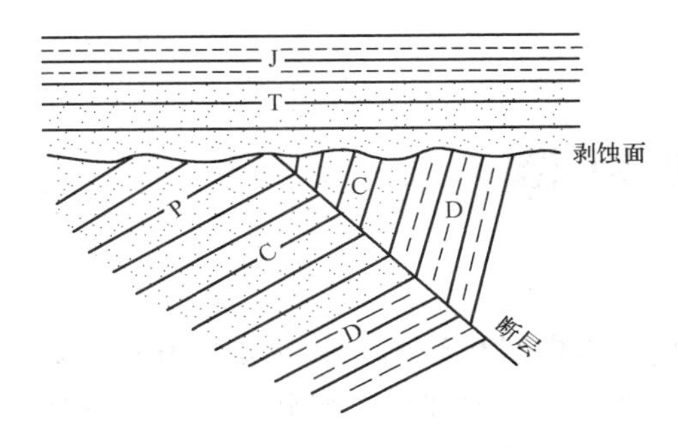

图 3-57　断层形成年代在二叠纪与三叠纪之交(剖面图)

3.3.4　节理与断层的工程地质评价

3.3.4.1　节理的工程地质评价

岩石边坡失稳和隧道洞顶坍塌往往与节理有关。大型节理的发育会引起滑坡的发展、水库的渗漏和建筑地基的失稳，是评价工程稳定性的一种重要条件。

岩体中的节理，极大程度地降低了岩体的强度及其稳定性。究其原因，主要是岩体中存在的节理不但破坏了岩体的完整程度，而且促进了岩体的风化程度，增强了岩体的透水性，因而使得岩体的强度及稳定性降低。节理的工程地质性质主要表现在以下几个方面的特征：

(1)节理的成因：构造节理分布范围广、埋藏深度大，并向断层过渡，对工程稳定性影响较大。

(2)节理的受力特征：张节理比剪节理的工程性能差。

(3)节理产状：倾向和边坡一致的节理稳定性差。

(4)节理密度和宽度：一般用节理发达程度来表示，节理越发达，对工程影响越大。

(5)节理面间的充填物：充填有软弱介质的节理，工程地质条件差。

(6)节理的充水程度：饱水的节理，其稳定性差。

3.3.4.2　断层的工程地质评价

(1)断层的力学性质：受张力作用形成的断层，其工程地质条件比受压力作用形成的断层差，但受压力作用形成的断层可能破碎带的宽度大，应引起注意。

(2)断层位置与线路工程的关系：线路垂直通过断层比顺着断层方向通过所受的危害小。

(3)断层面的产状与线路工程的关系：断层面倾向线路且倾角大于 10°，工程地质条件差。

(4)断层的发生发展阶段：正在活动的断层(如新构造运动剧烈、地震频繁地区的断层)对工程建筑物的影响大。

(5)充水情况：饱水的断层带稳定性差。

(6)人为影响：有些大的水库，可使附近断层复活，不可忽视。

3.4 面状构造

任何地质构造都可以概括为面状构造和线状构造。其中，岩层层面、断层层面、节理面、褶皱的轴面、劈理、片理、片麻理都属于面状构造，而褶皱枢纽、柱状矿物的定向排列、各种构造面的交线属于线状构造。本节主要讨论面状构造中广泛发育的劈理及其基本性质。

3.4.1 劈理的定义

劈理是指岩石受力后，沿着一定方向劈开成平行或大致平行的密集薄层或薄板的一种构造。劈开的破裂面称为劈理面，相邻两劈理面之间所夹的薄板状岩片称为微劈石。劈理面的产状也用走向、倾向、倾角表示，其定义和测量方法与岩层面产状类似。劈理使岩石具有明显的各向异性特征，劈理主要发育在构造变动强烈、应力集中的岩石地段，如褶皱构造的两翼、大断层的两侧及变质岩中，它不一定破坏岩石的完整性，但用力敲击时，岩石则容易沿劈理面劈开。

3.4.2 劈理的分类

劈理的分类有多种方法，一般可按照传统方类和结构分类两种方法进行分类，简述如下。

1. 劈理按传统分类

(1)流劈理。流劈理是岩石受力作用后，由片状、板状或扁平矿物颗粒产生定向排列而成。常见于变质岩中，如板岩中的板理，片岩、片麻岩中的片理等。在平行于矿物定向排列方向上形成易于裂开的劈理面，使岩石具有分割成无数薄片的特征。流劈理比较光滑，间距也小，仅几毫米。

(2)破劈理。破劈理是岩石中平行密集，并将岩石切割成薄片状的细微裂隙。它是岩石受剪切作用形成的，与岩石中矿物的定向排列无关。因此，破劈理沿着最大剪切应力方向发育，其间距一般为几毫米至几厘米，大多发育在硬脆岩石间的软弱岩石中或硬脆的薄层岩石中。破劈理与剪节理的区别在于其密集性，其间没有明显的界线。破劈理的基本特征是劈理面平直光滑，近于平行，延伸稳定，密集成带。

(3)滑劈理。滑劈理也是岩石中平行密集的细微剪裂面，与破劈理的区别在于沿劈理面有微小的位移，滑劈理大多发育在具有鳞片变晶结构的板岩、千枚岩及片岩中。

2. 劈理按结构分类

(1)连续劈理。连续劈理是指岩石中矿物均匀分布，全部定向或劈理域间隔极小，以至只能在显微镜下才能分辨劈理域和微劈石的劈理。连续劈理发育于变质岩石中，按其变形特征及其重结晶的状况，可分为板劈理、千枚理、片理和片麻理。

1)板劈理。板劈理主要发育于富泥质的低级变质岩中，岩石内部颗粒很细。发育良好的板劈理有良好的可劈性，使岩石劈裂成十分平整的石板。

2)千枚理和片理。千枚岩和片岩以其结晶矿物较大、肉眼可见与板劈理相区别。根据岩石中层状硅酸岩矿物的多少，可以分为三类不同的千枚理和片理。第一类是富层状硅酸岩岩石中的千枚理和片理。这种岩石中的云母类矿物沿面理平行排列，层状硅酸盐域几乎遍布整个岩石，构成所谓"千枚状构造"；第二类是复矿物岩中的片理，这种片理的域组构特征十分明显，层状硅酸盐域呈交织状绕透镜状长英质域分布，无论劈理域或微劈石域都卷入变形和重结晶作用，并以其重结晶显著而显示其特色；第三类片理发育于粒状单矿物岩中，层状硅酸呈稀疏分布，片理主要是依靠拉长、压扁的粒状矿物的连续排列而显示出来。

3)片麻理。片麻理是深度变质岩区广泛存在的另一种连续面理。它是劈理岩石高度重结晶的产物，由深浅两色矿物条带构成。片麻理在深变质岩区多成层展布，其中，早期构造变形的形迹多已消失，构成新生的区域性地质面。单矿物角闪石岩、辉石岩和斜长石岩也发育有片麻理，它由柱状或板状矿物晶体平行排列而成。

(2)不连续劈理。不连续劈理是指劈理域在岩石中具有明显间隔，劈理域及微劈石域在肉眼尺度下就能分辨者。不连续劈理域之间的间隔可以在肉眼尺度下加以确定，在露头或手标本上就可显示其不连续的构造特征。不连续劈理按微劈石域的结构，可分为间隔劈理和褶劈理。

1)间隔劈理。间隔劈理是在显微尺度下观察所得，其劈理域的主要成分是黏土质和碳质等不溶残余物。

2)褶劈理。褶劈理以一定可见间隔切过先有连续劈理为特色，间隔大小为0.01～1 cm。

3.4.3 劈理野外观测

在岩石强烈变形和变质岩区工作时，应注意对劈理的观测。要像在沉积岩区观察层理那样详细地观察劈理并测其产状，然后均匀地标注在地质图或构造图上。在此基础上采集定向标本，为室内定向显微观测之用。劈理野外观测应包括下列内容。

1. 区分劈理和层理

在变质岩区，劈理的发育常常把层理掩蔽起来，缺乏经验的地质人员由于误将劈理当层理，结果把复杂的褶皱岩层错当作单斜岩层，人为地使地质构造简单化，从而对该地的地层层序、岩相、厚度等诸方面都得出错误的结论。因此，正确认识层理和劈理也就成为变质岩区地质调查的首要问题。

区分层理和劈理，一方面要洞察所观测到的平行面状构造是否存在原生沉积标志，如粒级层、交错层、波痕等，特别要努力寻找和追索具有特殊岩性或结构、构造的标志层。通过较大范围的追索和填图，区分层理和劈理，查明两者之间的几何关系和空间展布规律。

2. 劈理的结构特征

(1)劈理的间隔。在垂直劈理的横截面上或在垂直劈理面的定向标本薄片上，观察和测定劈理的间隔。通常将劈理的间隔分为四级，即大间隔大于 5 mm、小间隔为 0.1～5 mm、微间隔为 0.01～0.1 mm 及连续小于 0.1 mm。

(2)劈理域的形态。劈理域的形态主要注意区分劈理域空间排列的变质矿物晶带是否呈分离状，还应注意观察劈理是交织状的还是平行延伸的，以及裂面的光滑度和晶带的连续性等。

(3)微劈石的结构。微劈石的结构观察主要是区分是否有先存的平行面状构造，同时，还要观察组成矿物、定向性以及膝折、挠曲、揉皱等结构。

3. 劈理和层理的产状关系

劈理和层理的产状关系是野外确定大型褶皱的性质以及岩层层序是否正常的关键方法。如果轴面劈理与其所在褶皱是同期纵弯褶皱作用产生的，则两者具有如下关系：

(1)劈理与层理所交的锐角一般指示相邻岩层的运动方向。如劈理位于纵弯褶皱的一翼，则其向上锐角指示相邻岩层向背斜顶部运动。

(2)根据上述运动关系可以进一步推导，如果岩层倾向和劈理倾向相反或两者虽然倾向相同但岩层倾角小于劈理倾角，则岩层层序应是正常的；如果两者倾向一致而岩层倾角大于劈理倾角，则岩层层序应是倒转的。

但应注意的是，当褶皱平卧乃至翻卷时，劈理与层理的关系就会发生异样。因此，研究层理与劈理的关系必须同褶皱是否翻卷的研究同时进行。

(3)褶皱两翼的劈理或与褶皱轴面平行，或以轴面为对称面对称分布。因此，在赤平投影图上，劈理的极点不是同轴面极点一致，就是在轴面极点两侧对称地出现。

(4)如果褶皱是圆柱状的，则层理与劈理的交线与所在区段的褶皱枢纽平行，都代表褶皱变形时的中间应变轴。

4. 推断岩石变形机制和构造环境

利用天然露头上劈理显示的特征，可推断岩石变形的形成机制和变形的构造环境。因此，观察中应注意以下几点：

(1)注意劈理所在岩石的性质及岩层的厚度，逐层测量劈理与层理夹角的大小，描绘劈理的折射和弯曲，弄清岩性、层厚、劈理类型、劈理间隔、查明劈理与层理之间夹角的大小等五个方面的相互关系。

(2)研究劈理的发育情况与岩石变形强烈程度之间的关系。通过对劈理面上的压力影、还原斑、变形化石、简粒等应变现象的测量，了解岩石变形的机制，推测三个主应变轴的方位和大小。

(3)结合变质岩石的岩石学研究，认真观察劈理卷入重结晶的程度。

5. 观测劈理之间的交切关系

关于劈理之间的先后交切关系，一般认为被切割的劈理生成时代早，切割其他劈理的劈理生成时代晚。

3.5 地质年代

3.5.1 地质年代概述

由两个平行或近于平行的界面所限制的岩性基本一致的层状岩石叫作岩层。由于沉积环境、条件的不同，有的岩层在较大范围内厚度基本一致，形成厚度稳定的板状；有的岩层厚度不稳定，向一侧变薄以至于尖灭，形成楔形；有的向两侧变薄和尖灭，形成透镜状。然而，任何一套岩层都是在地质历史时期中在一定的空间、时间和自然环境下形成的，所以，将某地区在某一地质时代形成的一个或一套甚至几套岩层，称为地层。

地质年代是指地球上各种地质事件发生的时代。它包含两个方面含义：其一是指各地质事件发生的先后顺序，称为相对地质年代；其二是指各地质事件发生的距今年龄，主要是运用同位素技术，称为同位素地质年龄(绝对地质年代)。这两个方面结合，才可以构成对地质事件及地球、地壳演变时代的完整认识，地质年代表正是在此基础上建立起来的。

3.5.2 地质年代确定方法

地史学中，将各个地质历史时期形成的岩石层，称为该时代的地层。各地层的新、老关系，在褶皱、断层等地层构造形态的判别中，有着非常重要的作用。确定地层新、老关系的方法有两种，即绝对年代法和相对年代法。

3.5.2.1 绝对年代法

绝对年代法是指通过确定地层形成时的准确时间，依次排列出各地层新、老关系的方法。确定地层形成时的准确时间，主要是通过测定地层中的放射性同位素年龄来确定。放射性同位素(母同位素)是一种不稳定元素，在天然条件下发生衰变，自动放射出某些射线(α、β、γ射线)，而衰变成另一种稳定元素(子同位素)。放射性同位素的衰变速度是恒定的，不受温度、压力、电场、磁场等因素的影响，即以一定的衰变常数(λ)进行衰变。绝对年代法主要用于测定地质年代的放射性同位素的衰变常数，进而确定地层的新老关系，见表3-4。

目前，世界各地地表出露的古老岩石都已进行了同位素年龄测定，如南美洲圭亚那的角闪岩为(4 130±170)Ma(Ma 为百万年)，中国冀东络云母石英岩为 3 650～3 770 Ma。

表 3-4　常用同位素及其衰变常数

母同位素	子同位素	半衰期/a	衰变常数(λ)/a^{-1}
铀(U^{238})	铅(Rb^{206})	4.5×10^{9}	1.54×10^{-10}
铀(U^{235})	铅(Rb^{207})	7.1×10^{8}	9.72×10^{-10}
钍(ThU^{238})	铅(Rb^{208})	1.4×10^{10}	0.49×10^{-10}
铷(Rb^{87})	锶(Sr^{87})	5.0×10^{10}	0.14×10^{-10}
钾(K^{40})	氩(Ar^{40})	1.5×10^{9}	4.72×10^{-10}
碳(C^{14})	氮(N^{14})	5.7×10^{3}	—

当测定岩石中所含放射性同位素的重量 m_1 以及其蜕变产物的重量 m_2，就可利用蜕变常数 λ，按下式计算其形成年龄 t：

$$t=\frac{1}{\lambda}\left(1+\frac{m_2}{m_1}\right) \tag{3-2}$$

3.5.2.2　相对年代法

相对年代法是通过比较各地层的沉积顺序、古生物特征和地层接触关系来确定其形成先后顺序的一种方法。因无须精密仪器，故被广泛采用。

1. 地层层序法

沉积岩能清楚地反映岩层的叠置关系。一般情况下，先沉积的老岩层在下，后沉积的新岩层在上。只要把一个地区所有地层按由下向上的顺序衔接起来，就可确定其新老关系。当地层挤压使地层倒转时，新老关系相反，如图 3-58 所示。

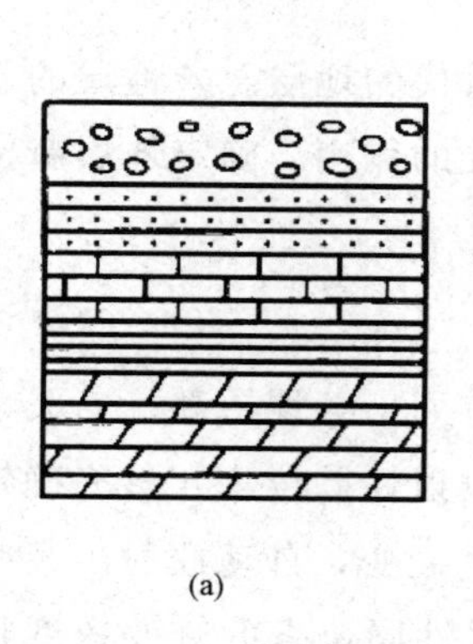

(a)

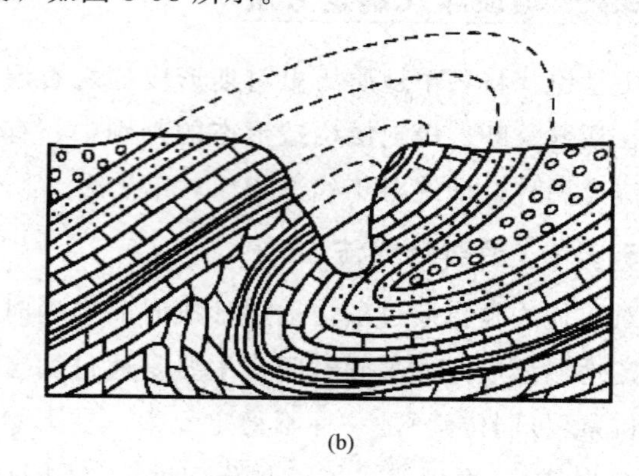

(b)

图 3-58　地层层序法

(a)正常层序；(b)倒转层序

沉积岩的层面构造也可作为鉴定其新老关系的依据。例如，泥裂开口所指的方向，虫迹开口所指的方向，波痕波峰所指的方向，均为岩层顶面，即新岩层方向，并可据此判定层的正常与倒转。如图 3-59(a)中泥裂开口向上，表明岩层上新下老；图 3-59(b)中泥裂开口向下，表明岩层上老下新。

(a) (b)

图 3-59 层面沉积特征(泥裂)

(a)泥裂开口向上；(b)泥裂开口向下

2. 古生物法

在地质历史上，地球表面的自然环境总是不停地出现阶段性变化。地球上的生物为了适应地球环境的改变，也不得不逐渐改变自身的结构，称为生物演化。这种演化遵循由简单到复杂、由低级到高级的原则。

沉积岩中保存的地质时期生物遗体或遗迹称为化石。化石的成分常常已变为矿物质，但原来生物骨骼或介壳等硬件部分的形态和内部构造却在化石里保存下来。因此，埋藏在岩石中的生物化石结构能够反映岩层的新老关系。一般情况下，化石结构越简单，地层时代越老；化石结构越复杂，地层时代越新。

在某一环境阶段，能大量繁衍、广泛分布，从发生、发展到灭绝的时间很短，并且特征显著的生物，其化石称为标准化石。在每一地质历史时期都有其代表性的标准化石，如寒武纪的三叶虫、奥陶纪的珠角石、志留纪的笔石、泥盆纪的石燕、二叠纪的大羽羊齿、侏罗纪的恐龙等，如图 3-60 所示。

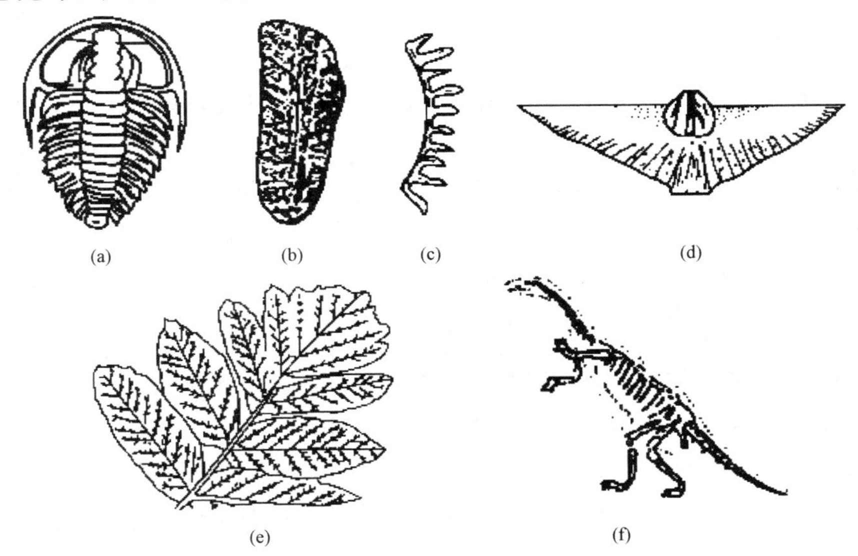

(a) (b) (c) (d) (e) (f)

图 3-60 标准化石图谱

(a)三叶虫(C)；(b)珠角石(O)；(c)笔石(S)；(d)石燕(D)；(e)大羽羊齿(P)；(f)恐龙(J)

3. 地层接触关系法

地层间的接触关系，是构造运动、岩浆活动和地质发展历史的记录。沉积岩、岩浆岩及其相互间均有不同的接触类型，可分为整合接触与不整合接触两大类型。据此可判别地层间的新老关系。

(1)整合接触。整合接触是指一个地区在持续稳定的沉积环境下，地层依次沉积，各地层之间彼此平行的接触关系。其特点是：沉积时间连续，上、下岩层产状基本一致。它反映了地壳稳定下降接受沉积的地史过程[图 3-61(a)]。

(2)不整合接触。当沉积岩地层之间有明显的沉积间断时，即沉积时间明显不连续，有一段时期没有沉积，称为不整合接触。不整合接触又可分为平行不整合接触和角度不整合接触两类。

1)平行不整合接触。平行不整合接触又称假整合接触。指上、下两套地层间有沉积间断，但岩层产状仍彼此平行的接触关系。它反映了地壳先下降接受稳定沉积，然后抬升到侵蚀基准面以上接受风化剥蚀，最后地壳又下降接受稳定沉积的地史过程，如图 3-61(b)所示。

2)角度不整合接触。角度不整合接触是指上、下两套地层间，既有沉积间断，岩层产状又彼此角度相交的接触关系。它反映了地壳先下降沉积，然后挤压变形和上升剥蚀，再下降沉积的地史过程，如图 3-61(c)所示。

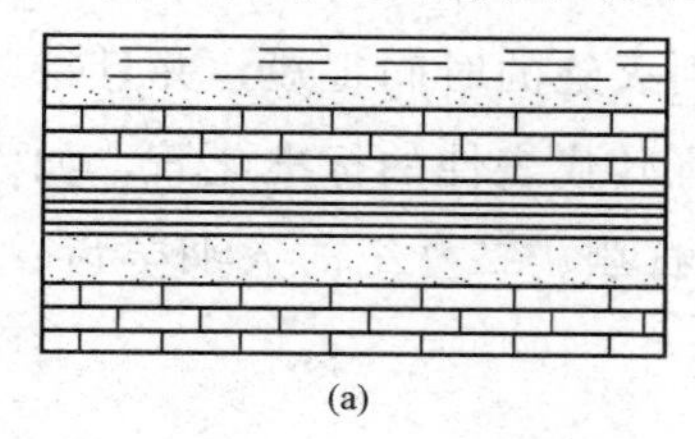
(a)

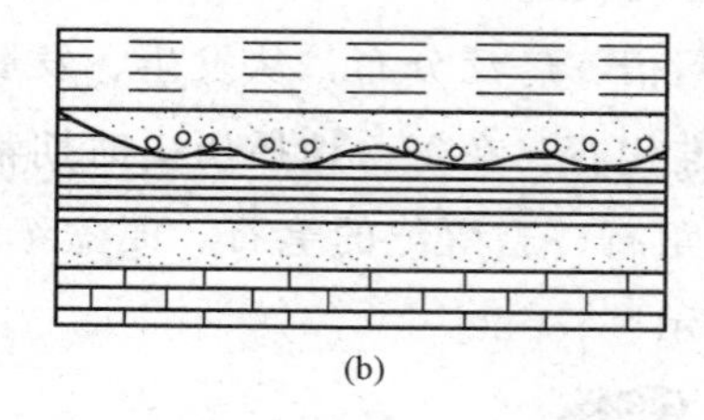
(b)

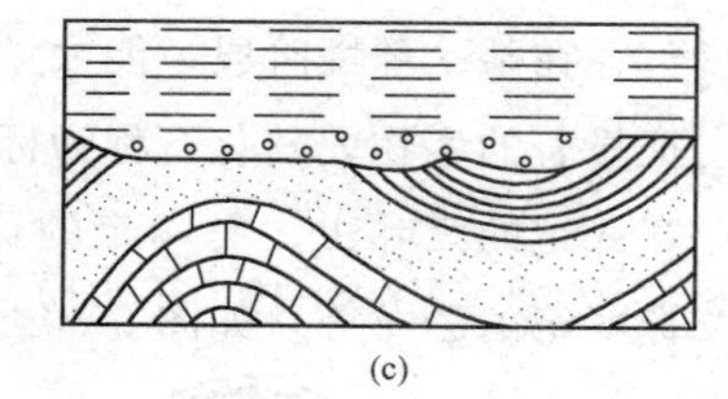
(c)

图 3-61　沉积岩的接触关系

(a)整合接触；(b)平行不整合接触；(c)角度不整合接触

角度不整合接触关系容易与断层存在本质区别。角度不整合接触界面处有风化剥蚀形成的底砾岩；而断层界面处则无底砾岩(地壳抬升后，岩石表层在地表遭受风化剥蚀，形成砾石，当地壳下降并接受沉积，原来的砾石在上覆岩层底部形成的砾岩，多为下伏岩石的成分)，一般为断层角砾岩，或没有断层角砾岩。

(3)穿插接触。穿插接触一般为岩浆岩间的相互穿插。后期生成的岩浆岩(2)常插入早期生成的岩浆岩(1)中，将早期岩脉或岩体切割开，如图 3-62 所示。

(4)侵入接触。侵入接触是指后期岩浆岩侵入早期沉积岩的一种接触关系。早期沉积岩受后期岩浆挤压、烘烤和进行化学反应，在沉积岩与岩浆岩交界带附近形成一层变质带，称为变质晕，如图 3-63(a)所示。

(5)沉积接触。沉积接触是指后期沉积岩覆盖在早期岩浆岩上的一种接触关系。早期岩

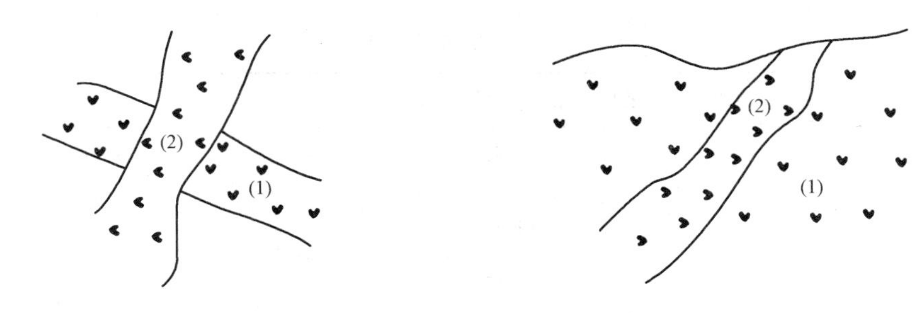

图 3-62　岩浆岩的穿插关系

浆岩因表层风化剥蚀，在后期沉积岩底部常形成一层含岩浆岩砾石的底砾岩，如图 3-63(b)所示。

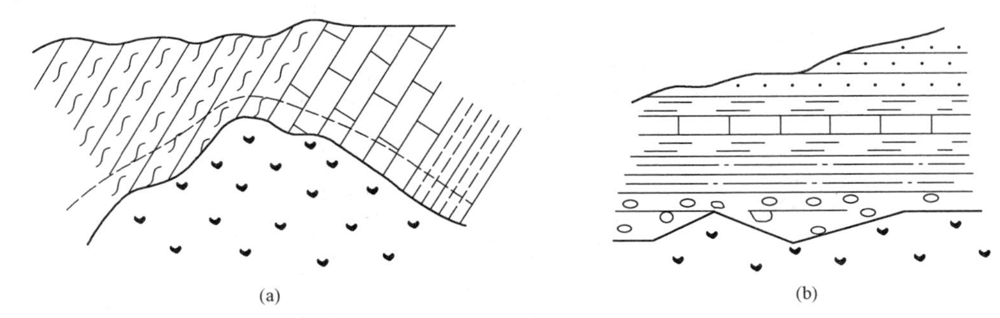

图 3-63　沉积岩与岩浆岩的接触关系

3.5.3　地质年代表

1. 地质年代单位及地层单位的划分

按照年代早晚顺序把地质年代进行系统编年，称为地质年代表(表 3-5)。地质年代表的建立，是对世界各地的地层进行系统划分对比的结果，是地史学主要成就的体现。地质年代表中具有不同级别的地质年代单位，与之相对应的是年代地层单位。

地质年代表中将地质历史(时代)划分为冥古宙、太古宙、元古宙和显生宙四大阶段，宙再细分为代，代再细分为纪，纪再细分为世。每个地质时期形成的地层，又赋予相应的地层单位，即宇、界、系、统，分别与地质历史的宙、代、纪、世相对应。

“宙”是最大一级的地质年代单位，每个宙的演化时间均在 5 亿年以上。“代”是仅次于“宙”的地质年代单位，每个代的演化时间均在 5 000 万年以上。“纪”是次于“代”的地质年代单位，每个纪的演化时间在 200 万年以上。“世”是次于“纪”的地质年代单位，每个纪一般分为早、中、晚三个世或早、晚两个世。但在古近纪、新近纪与第四纪中，世的名称比较特殊。

表 3-5 地质年代表

地质时代、地层单位及其代号					同位素年龄/Ma	
宙(宇)	代(界)		纪(系)	世(统)	时间间距	距今年龄
显生宙(PH)	新生代(Kz)		第四纪(Q)	全新世(Q_4/Q_h)	2～3	0.012
				更新世($Q_1Q_2Q_3/Q_p$)		2.48(1.64)
			新近纪(N)	上新世(N_2)	2.82	5.3
				中新世(N_1)	18	23.3
			古近纪(E)	渐新世(E_3)		
				始新世(E_2)	13.2	36.5
				古新世(E_1)	16.5	53
	中生代(Mz)		白垩纪(K)	晚白垩世(K_2)	12	65
				早白垩世(K_1)		
			侏罗纪(J)	晚侏罗世(J_3)	70	135(140)
				中侏罗世(J_2)		
				早侏罗世(J_1)	73	208
			三叠纪(T)	晚三叠世(T_3)		
				中三叠世(T_2)		
				早三叠世(T_1)	42	250
	古生代(Pz)	晚古生代(Pz_2)	二叠纪(P)	晚二叠世(P_2)		
				早二叠世(P_1)	40	290
			石炭纪(C)	晚石炭世(C_3)		
				中石炭世(C_2)		
				早石炭世(C_1)	72	362(355)
			泥盆纪(D)	晚泥盆世(D_3)		
				中泥盆世(D_2)		
				早泥盆世(D_1)	47	409
	古生代(Pz)	早古生代(Pz_1)	志留纪(S)	晚志留世(S_3)		
				中志留世(S_2)		
				早志留世(S_1)	30	439
			奥陶纪(O)	晚奥陶世(O_3)		
				中奥陶世(O_2)	71	510
				早奥陶世(O_1)		
			寒武纪(∈)	晚寒武世($\in_3$)		
				中寒武世($\in_2$)	60	570(600)
				早寒武世($\in_1$)		

续表

地质时代、地层单位及其代号					同位素年龄/Ma	
宙(宇)	代(界)		纪(系)	世(统)	时间间距	距今年龄
元古宙(PT)	元古代	新元古代	震旦纪(Z/Sn)		230	800
			青白口纪		200	1 000
		中元古代(Pt_2)	蓟县纪		400	1 400
			长城纪		400	1 800
		古元古代(Pt_1)			700	2 500
太古宙(AR)	太古代(Ar)	新太古代(Ar_2)			500	3 000
		古太古代(Ar_1)			800	3 800
冥古宙(HD)						4 600

2. 地质年代表特征

地质年代表中将地质历史(时代)划分为宙、代、纪、世四种年代单位，每个地质时期形成的地层，又赋予相应的地层单位，即宇、界、系、统，分别与地质历史的宙、代、纪、世相对应。如显生宙时期形成的地层称为显生宇，古生代时期形成的地层称为古生界，寒武纪时期形成的地层称为寒武系等。根据地质年代表中地质年代由新到老可将地质年代表简述如下：

(1)冥古宙(Hadean Eon)。距今46亿～40亿年，具有“开天辟地”之意，是地球发展的初期阶段，或称为天文阶段。目前，在地球表面尚未见到或确证这一时期形成的大量岩石(只有零星发现的少量残余岩石)。

(2)太古宙(Archean Eon)。距今40亿～25亿年，是已有大量岩石记录的最古老地质年代，这一时期的岩石一般是变质程度很高的变质岩。

(3)元古宙(Proterozoic Eon)。距今25亿～5.42亿年，为较古老的地质年代，这一时期的岩石记录已十分普遍。元古宙包括古元古代、中元古代和新元古代三个代。该时期的纪一级年代单位尚未在全球统一建立起来。其中，中元古代和新元古代在我国被分为五个纪，时间由老到新依次为：

1)长城纪(Changcheng Period)：名称来自我国的万里长城。

2)蓟县纪(Jixian Period)：名称来自我国天津市的蓟县。

3)青白口纪(Qingbaikou Period)：名称来自我国北京市附近的青白口镇。

4)南华纪(Nanhua Period)：名称来自我国南方的简称。

5)震旦纪(Sinian Period)：“震旦”是我国的古称。

(4)显生宙(Phanerozoic Eon)。5.42亿年至今，其中，又分为古生代、中生代和新生代。按时间由老到新依次为十二个纪，简述如下：

1)寒武纪(Cambrian Period)："寒武"是英国威尔士的古称，这一地质时期的地层在威尔士研究得最早。

2)奥陶纪(Ordovieian Period)："奥陶"是英国威尔士一个古代民族的名称，该时期地层也是在威尔士最早研究的。

3)志留纪(Silurian Period)："志留"是曾经生活在英国威尔士边境的一个古代部族的名称，在该边境地区最早研究了这一时期的地层。

4)泥盆纪(Devonian Period)：该时期的地层在英格兰的泥盆郡研究得最早。

5)石炭纪(Carboniferous Period)：因该时代地层中富含煤层得名，该名首创于英国。

6)二叠纪(Permian Period)：最早研究的该时期地层出露于乌拉尔山西坡的彼尔姆城(Penn)，按音译应为彼尔姆纪，但因该地层具有明显二分性，故按意译为二叠纪。但近年来国际上研究认为，该时期及其相应地层一般表现为三分性。

7)三叠纪(Triassic Period)：该纪地层在德国南部研究最早，地层具明显三分性，"Tri—"即"三"的意思。

8)侏罗纪(Jurassic Period)：在法国与瑞士交界的侏罗山最早研究了该纪的地层。

9)白垩纪(Cretaceous Period)：英吉利海峡北岸，这一时代的地层中产出白色细粒的碳酸钙，拉丁文称之为Creta，意为白垩，因此而得名。

10)古近纪(Paleogene Period)："古"是paleo—的意译，"近"则是—gene的音译。

11)新近纪(Neogene Period)：是地史上最新的一个纪，包括中新世和上新世。

12)第四纪(Quartemary Period)：是意大利地质学家乔万尼·阿尔杜伊诺(Giovanni Arduino)于1759年研究波河河谷沉积情况时提出的，包括更新世和全新世。

复习思考题

1. 地壳运动及地质构造的定义是什么？
2. 岩层的基本类型及其特点有哪些？
3. 岩层、岩层产状及要素的定义是什么？怎样记录和图示岩层产状？
4. 褶皱的定义、分类及分类依据是什么？
5. 褶皱的野外识别方法有哪些？如何评价褶皱的工程地质性质？
6. 节理的定义和主要类型有哪些？节理调查的内容有哪些？
7. 断层及断层要素的定义是什么？断层的主要类型及分类依据是什么？
8. 断层的判别标志有哪些？如何评价断裂构造的工程地质特性？
9. 劈理的定义及其分类方法有哪些？劈理的野外调查内容有哪些？
10. 简述地质年代与地层年代定义及其基本特征。

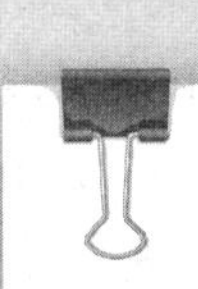

第 4 章　地质图件识读

4.1 地质图的定义、分类及编制

地质研究的成果，尤其是对一个地区进行综合性和系统性研究的成果，除了用文字叙述之外，还需借助于图件加以反映。在各种图件中，地质图是最基本、最重要的也是最能全面和系统反映一个地区地质情况的图件。熟悉并使用地质图对地质工作者具有重要的理论意义。

地质图是进一步从事区域地质研究及工程地质实践所必需的基础图件，更是进行矿产开采，交通、工程、水利及国防建设不可缺少的基础技术资料和依据。借助于较详细的地质图能够切实地了解一个地区的地质构造与该地区各种地理特征之间的某些内在关系。这对于了解一个地区的资源、能源及从事经济规划和部署是不可缺少的。因此，研究分析地质图件具有重要的实际意义。

4.1.1 地质图的定义

地质图是将各种不同的地质体和地质现象(地层岩性、地质构造等)的分布规律及其相互关系用规定的图例和符号表示在某种比例尺上的一种图件。有时为了某种特殊的目的，着重表示某种地质现象的图件，称为专门的地质图，如《北京地区水文地质图》。一般通过地质图的识读，可获取该地区的地层岩性、地质构造、岩浆活动、地质发展历史及矿产活动等。一般地质图除小比例尺外，都以地形图作为底图。所谓地形图，是指用等高线的方法和规定的符号将地形、地物等缩绘和标注在平面上的一种图件。

地质图是根据野外地质勘测资料在地形图上填绘编制而成的。除应用地形图的轮廓和等高线外，还需要用各种地质符号来表明地层的岩性、地质年代和地质构造情况。因此，要分析和阅读地质图，进而了解地质图所表达的具体地质内容，就需要了解和认识常用各种地质符号。

(1)地层年代符号。在小于1∶10 000的地质图上，沉积地层的年代是采用国际通用的标准色来表示的，在彩色的底子上，再加注地层年代和岩性符号。在每一系中，又用淡色表示新地层，深色表示老地层。岩浆岩的分布一般用不同的颜色加注岩性符号表示。在大比例尺的地质图上，多用单色线条或岩石花纹符号再加注地质年代符号的方法表示。当基岩被第四纪松散沉积层覆盖时，在大比例的地质图上，一般根据沉积层的成因类型，用第四纪沉积成因分类符号表示。

(2)岩石符号。岩石符号是用来表示岩浆岩、沉积岩和变质岩的符号，由反映岩石成因特征的花纹及点线组成。在地质图上，这些符号画在什么地方，表示这些岩石分布到什么地方。

(3)地质构造符号。地质构造符号是用来说明地质构造的。组成地壳的岩层，经构造变动形成各种地质构造，这就不仅要用岩层产状符号表明岩层变动后的空间形态，而且要用褶皱轴、断层线、不整合面等符号说明这些构造的具体位置和空间分布情况。

一幅正式的地质图应该有统一的规格，除图幅本身所具有的地质内容外，还包含图名、图例、编图单位、编图年月及编图人等，并附有综合地层柱状图和地质剖面图。

1)图名：一般放在图框的正上方，用来表示本图幅所在地区及图的类型。

2)图幅和国际代号：查明地图来源。

3)比例尺：数字比例尺位于图名之下，线条比例尺位于图框外正下方。

4)图例：用各种规定的颜色、花纹、符号等表示地层时代、岩性和产状等，通常放在图框的右侧或下方。其中，地质年代由老至新、自上而下(置于下方时由左至右)排列，岩性则按沉积岩、火成岩、变质岩、构造符号等顺序绘制。

5)综合地层柱状图一般放在地质图框外左侧，地质剖面图放在地质图框外正下方。

4.1.2 地质图的分类

地质图作为揭示区域内地质现象的重要勘探资料，依据其反映的地质内容的不同可划分为构造地质图、古构造图、构造等高线图、第四纪地质图、基岩地质图、环境地质图、水文地质图、岩浆岩地质图、变质地质图、矿床地质图、工程地质图、盆地分布图、油气资源分布图、地球物理图等类型。另外，根据地质图的形状，可将地质图划分为平面图、剖面图和柱状图。常见的地质图有以下几种。

4.1.2.1 根据工作目的划分

1. 普通地质图

普通地质图是指表示地区地层分布、岩性和地质构造等基本地质内容的图件。一幅完整的普通地质图包括地质平面图、地质剖面图和综合地层柱状图，普通地质图通常简称为地质图。

2. 构造地质图

构造地质图是指用线条和符号，专门反映褶皱、断层等地质构造的图件。

3. 工程地质图

工程地质图是指为各种工程建筑专用的地质图，如房屋建筑工程地质图、水库坝址工程地质图等。还可根据具体工程项目细分，如公路工程地质图还可分为路线工程地质图、工点工程地质图。

工程地质图是地质图的一种类型，在绘制工程地质图时，应遵循以下基本原则：

(1)获取工程建设密切相关的地质资料。

(2)应使图件尽可能地预测可能引起的地质环境的变化，并提出必要的防护措施。

(3)图上所反映的资料，应易于被非地质的专业使用者所理解。

工程地质图为各种工程建筑专用的地质图，是全面反映工程地质情况的图件。一般在工程地质图上表示的地质内容有以下几种：

(1)岩石和土的特征。岩石和土的特征包括它们的分布、地层和构造展布、时代、成因、岩性、物理状态以及它们的物理力学性质。

(2)水文地质条件。水文地质条件包括含水的岩石和土的分布、开放的不连续的饱水带、地下水位埋深及其变化幅度、承压水和侧压水位、储水系数、地下水流向、泉、河流、湖泊以及洪水的周期和范围、pH 值、矿化度及侵蚀性。

(3)地貌条件。地貌条件包括地势和地貌景观的主要单元。

(4)动力地质现象。动力地质现象包括侵蚀作用和沉积作用、风成现象、永久冻土、斜坡运动、岩溶的形态组合、侵蚀、塌陷、土体积的变化、地震现象资料(包括活断层，现代的区域构造运动和火山活动)。

4.1.2.2 根据图件内容的精细程度划分

1. 概略地质图

概略地质图是反映一个国家、一个洲，甚至全球性的地质情况的地质图。如中国地质图、亚洲地质图等。

2. 区域地质图

区域地质图是较详细地反映一个较大区域的地质情况的地质图。

3. 详细地质图

详细地质图是详细地反映一个较小区域的地质情况，服务于采矿、经济规划及各项工程建设的最具体的图件。

4. 专门地质图

专门地质图是专门表示某一种或数种地质要素的图件。按其表示的内容有以下几种类型：

(1)基岩地质图。时代老于第四纪的岩层称为基岩。基岩地质图专门表示基岩的地质情况，不表示第四系覆盖物。凡有第四系覆盖的地方，必须通过各种手段弄清该地第四系下面的基岩的情况，表示在图上。

(2)第四纪地质图。第四纪地质图是全面表示第四纪地质情况，包括第四系的成因类型、物质成分、厚度、含矿性、分布状况、构造特征等。图中不表示基岩的情况，实际上所有接近地表的基岩都难免受到第四纪发生的各种地质作用的改造，都被第四系沉积物不同程度地覆盖。

(3)岩相古地理图。岩相古地理图是表示地质历史时期的地理状况，包括海陆分布、沉积环境及沉积物性质和特征等。

(4)矿产分布图。矿产分布图是全面表示一个地区矿产的类型、出露地点、规模、分布规律、成矿远景以及成矿的地质条件等。

(5)水文地质图。水文地质图是表示一个地区各时代岩层的性质及其含水状况、地下水的类型、地下水的露头、流向及其化学性质等。

(6)构造纲要图。构造纲要图是专门表示一个地区地质构造的形态类型、分布、形成年代及各种地质构造之间的相互关系等。

4.1.2.3 根据内容划分

(1)分析图。分析图是提供地质环境的详细情况或对地质环境的某一方面作出评价，通常由图名反映出来。如风化工程图、节理图、地震灾害图等。

(2)综合图。综合图一般有两种类型。主要描述地质环境所有主要要素的地质条件图；也可以是地质分区图，在小比例尺图上，这两种类型可能合并在一起。

(3)辅助图。辅助图是表示实际资料的图件。如实际资料图、构造等值线图及等厚图等。

(4)附加图。附加图主要包括地质图、构造图、地貌图、土壤图、地球物理图和水文地质图。它们都是基础资料图，有时它们包括在工程地质图系里。

4.1.2.4 根据比例尺划分

比例尺又称之为缩尺，它是根据工作的精度而选定图件缩小的程度，是图上单位长度与所代表实地距离的比值。通常，比例尺分为大、中、小三种。比例尺大于1∶200 000的图，称为大比例尺；比例尺为1∶200 000～1∶500 000的图，称为中比例尺；比例尺小于1∶1 000 000的图，称为小比例尺。

4.1.3 地质图的编制

地质图是反映填图工作区的地质和矿产情况的综合图件，也是地质填图工作的最终和最重要的成果之一，编制地质图是进行地质资料获取的前提。地质图的编制，要求做到内容真实可靠、图面结构合理、线条清晰、岩性色调和符号协调规正、字体美观并附有地质剖面和综合地层柱状图等。地质图的编制一般包括以下内容：

(1)地理要素，包括经纬度、主要地物及简化的地形等高线。

(2)全部地质界线(要求与实际材料图相同)。

(3)表示各种地质体的代号、花纹和颜色。

(4)代表性的地质体产状，重要的山地工程、水文点位置。

(5)图切剖面线位置及编号。

(6)附地质剖面图及综合地层柱状图。

4.2 地质图的识别

4.2.1 地质图识别步骤

不同类型的地质图其颜色、线条、符号不同，但其读图步骤基本相同。地质图的识别遵循由浅入深、循序渐进的原则，简述如下。

4.2.1.1 地质图的编制及识读步骤

1. 地质图的编制步骤

(1)准备地形底图。

(2)拟定地质体的取舍、归并，扩大表示的方案。

(3)编制地质图。

(4)编制综合地层柱状图。

(5)编制地质剖面图。

(6)拟定图例。图例主要包括图中所有地质体、符号、代号等。一般情况下，图例应放置在主图右侧，其排列顺序依次为：

1)地层部分：地层排序自上而下，由新到老，依次排列出各地层单位。

2)岩浆岩部分：按年代由新到老排列，依次为酸性岩—中性—基性—超基性—碱性岩排列，岩脉也由此依次排列。

3)构造部分：包括褶皱、断层及各种构造面理、线理；断层排序依次为正断层、逆断层、逆掩断层、平移或走滑断层、深断层、推测断层等。

4)实测、推测地层界线、不整合界线、各种地质体界线、各种产状符号等。

5)其他部分内容。

(7)着色、着墨、清绘。

(8)图廓外的整饰(图名、比例尺、坐标等)。

(9)图幅接图表(一般放图右上角)。

(10)责任表(一般放于图的右下方)。

2. 地质图的识读步骤

(1)图名、比例尺、方位。了解图幅的地理位置、图幅类别及制图精度。图上方位一般用箭头指北表示，或用经纬线表示。若图上无方位标志，则以图正上方为正北方。

(2)地形、水系。通过图上地形等高线、河流径流线，了解地区地形起伏情况、分水岭所在、地形最高点、地形最低点、相对高差、水系的分布等。

(3)图例。图例是地质图中采用的各种符号、代号、花纹、线条及颜色等的说明。通过图例可以了解制图地区出露哪些地层及其新老顺序等。图例一般放在图框右侧，地层一般用颜色或符号表示，按自上而下由新到老的顺序排列。每一图例为长方形，左方注明地质年代，右方注明岩性，方块中注明地层代号。岩浆岩的图例一般在沉积岩图例之下。构造符号放在岩石符号之下，一般顺序是褶皱、断层、节理、产状要素等。

(4)地质内容。地质内容一般包括以下三个方面：

1)地层岩性和接触关系。了解各时代地层及岩性的分布位置和地层间接触关系。

2)地质构造。了解褶皱及断层的位置、组成地层、产状、形态类型、规模、力学成因及相互关系等。

3)地质历史。根据地层、岩性、地质构造的特征，分析该地区地质发展历史。

(5)剖面线。有时通过地质图图框上的两点画出黑色直线，两端注有AA′或II′等字样，这样的直线称为剖面线，表示沿此方向已经作了剖面图。

4.2.1.2 读图实例

阅读资治地区地质图，如图4-1所示。

1. 图名、比例尺、方位

(1)图名：资治地区地质图。

(2)比例尺：1∶10 000。

(3)方位：图幅正上方为正北方。

2. 地形、水系

本区有三条南北向山脉，其中，东侧山脉被支沟截断。相对高差350 m左右，最高点在图幅东南侧山峰，海拔350 m。最低点在图幅西北侧山沟，海拔0 m以下。本区有两条流向北东的山沟，其中，东侧山沟上游有一条支沟及其分支沟，支沟从北西方向汇入主沟。西侧山沟沿断层发育。

3. 图例

由图例可见，本区发育有岩浆岩和沉积岩，其中，沉积岩由新到老依次为二叠系(P)红色砂岩、上石炭系(C_3)石英砂岩、中石炭系(C_2)黑色页岩夹煤层、中奥陶系(O_2)厚层石灰岩、下奥陶系(O_1)薄层石灰岩、上寒武系($\in_3$)紫色页岩、中寒武系($\in_2$)鲕状石灰岩。岩浆岩为前寒武系花岗岩(r_2)。地质构造方面有断层通过本区。

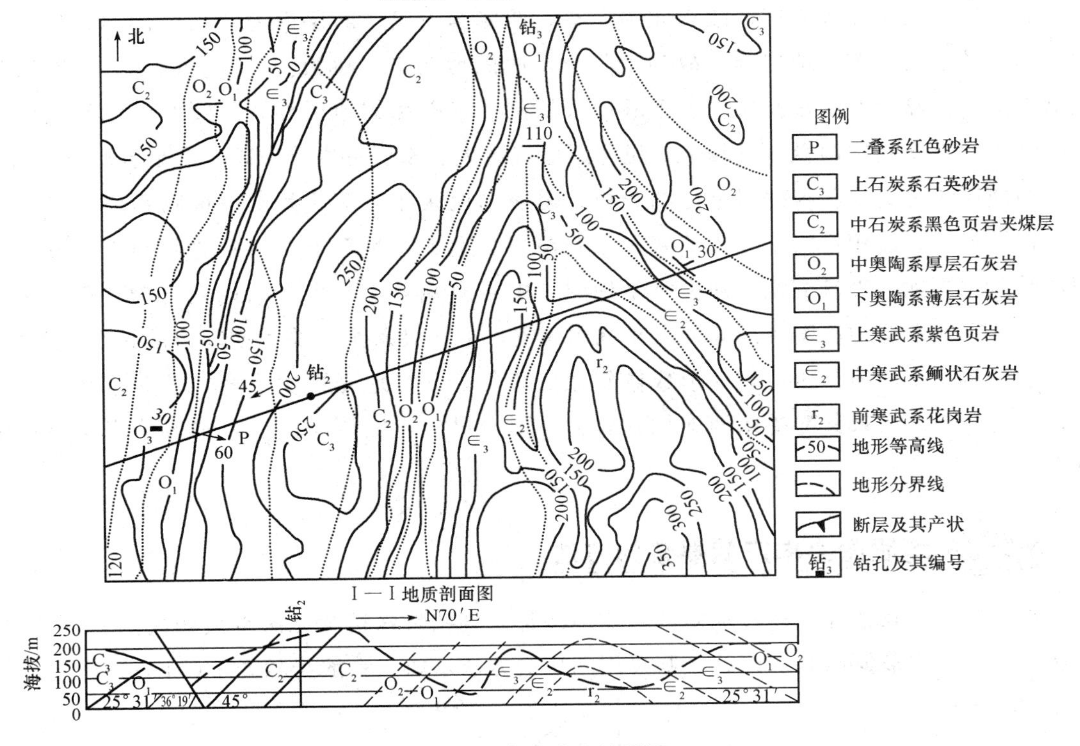

图 4-1　资治地区地质图

4. 地质内容

(1)地层分布与接触关系。前寒武系花岗岩岩性较好，分布在本区东南侧山头一带。年代较新、岩性坚硬的上石炭系石英砂岩，分布在中部南北向山梁顶部和东北角高处。年代较老、岩性较弱的上寒武系紫色页岩则分布在山沟底部。其余地层都依次位于山坡上。

从接触关系上看，花岗岩没有切割沉积岩的界线，且花岗岩形成年代老于沉积岩，其接触关系为沉积接触。中寒武系、上寒武系、下奥陶系、中奥陶系沉积时间连续，岩层产状彼此平行，是整合接触。中奥陶系与中石炭系之间缺失了上奥陶系、自留系、泥盆系、下石炭系的地层，沉积时间不连续，但岩层产状平行，是平行不整合接触。中石炭系、上石炭系、二叠系又为整合接触关系。本区最老地层为前寒武系花岗岩，最新地层为二叠系红色石英砂岩。

(2)地质构造。

1)褶皱构造。由图 4-1 可见，图中以前寒武系花岗岩为中心，两边对称出现中寒武系至二叠系地层，其年代依次越来越新，故为一背斜构造。背斜轴线从南到北由北西转向正北。顺轴线方向观察，地层界线在北端封闭弯曲，沿弯曲方向凸出，所以，这是一个轴线近南北，并向北倾伏的背斜，此倾伏背斜两翼岩层倾向相反，倾角不等，北东侧岩层倾角较缓(30°)，北西侧岩层倾角较陡(45°)，故为一倾斜倾伏背斜，轴面倾向北东侧。

2)断层构造。本区西部有一条北北东向断层，断层走向与褶皱轴线大至平行，属纵断层。此断层的断层面倾向东，故东侧为上盘，西侧为下盘。断层面与岩层面倾向相反。断层线两侧的地层，东侧地层新，故为下降盘，西侧地层老，故为上升盘。因此，该断层为上盘下降，下盘上升的正断层。由于断层线切割了二叠系的地层界线，断层生成年代应在二叠系后。由于断层两盘位移较大，说明断层规模大。断层带岩层破碎，沿断层形成沟谷。

3)地质历史简述。根据以上读图分析，说明本地区在中寒武系至中奥陶系之间地壳下降，接受沉积，沉积物的基底为前寒武系花岗岩。上奥陶系至下石炭系之间地壳上升，长期遭受风化剥蚀，没有沉积，缺失大量地层。中石炭系至二叠系之间地壳再次下降，接受沉积。中寒武系至中奥陶系期间以海相沉积为主，中石炭系至二叠系期间以陆相沉积为主。二叠系后遭受东西向挤压应力，形成倾斜倾伏背斜，并且地壳再次上升，长期遭受风化剥蚀，没有沉积。后来又遭受东西向拉张应力，形成纵向正断层。此后，本区趋于相对稳定至今。

4.2.2 地质图上求产状要素的方法

岩层产状要素往往是通过地质罗盘实地测量。某些特殊情况无法直接测量的岩层产状，如在地质图上求取倾斜岩层产状，则要用间接的方法求取，一般步骤如下(图 4-2)：

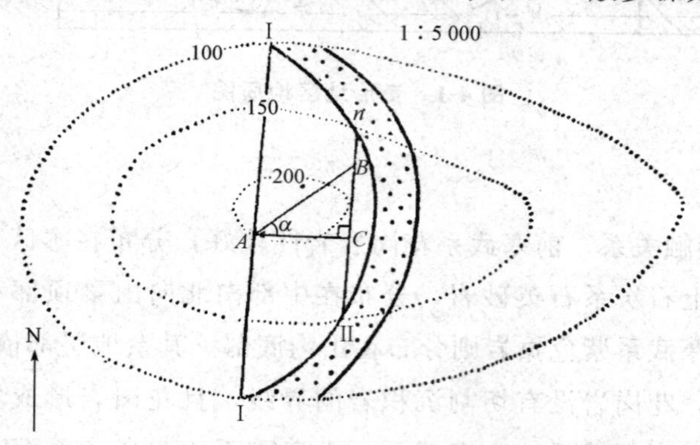

图 4-2　倾斜岩层在地质图上的岩层产状

(1)取岩层界线与相邻两条等高线的交点，分别将所得交点连线，得到两条走向线Ⅰ—Ⅰ和Ⅱ—Ⅱ。

(2)从高高程(150 m)走向线Ⅱ—Ⅱ上任意取一点 C，向低高程(100 m)走向线Ⅰ—Ⅰ做垂线，所得垂线 CA 即代表倾向。

(3)按照同比例尺将两条等高线的高差缩放至相应的长度 CB。

(4)将前面所得的三点相连，即可得直角三角形 ABC。

(5)用量角器量出 $\angle BAC$ 即得出岩层倾角 α 值；或按地质图比例尺求出 AC 长度，已知 BC 为 50 m，可由 $\tan\alpha = BC/AC$ 求出 α 的度数，并量出 CA 的方位角即为岩层的倾向。

(6)在地质图或平面图上标注产状要素时，需用符号和倾角表示。首先找出实测点在图上的位置，在该点按所测岩层走向的方位画一小段直线(4 mm)表示走向，再按岩层倾向方位在该线段中点作短垂直线(2 mm)表示倾向，然后将倾角数值标注在该符号的右下方。例如，某地层走向为330°、倾向为240°、倾角为50°，则其产状以符号表示即为⅄50°。

4.2.3 不同产状岩层在地质图上的表现

各种产状的岩层或地层界面，其露头形状的变化受地形的影响和岩层倾角大小的控制，因而在地形地质图上会有不同的表现形式。自然界所沉积的岩层，其空间位置有水平、直立和倾斜三种状态。

4.2.3.1 水平岩层

水平岩层是指倾角小于5°，在一个区域内出露的产状是水平的或近于水平的岩层。其出露界限是水平面与地面的交线，一般具有以下特点：

(1)投影到地形地质图(平面图)上，水平岩层出露岩层界线与等高线平行或重合(图4-3)。

(2)同一水平岩层在不同地点的出露标高相同(图4-3)。

(3)水平岩层的厚度等于顶面和底面的高度差(图4-3)。

(4)如果地形平坦，又未经河流切割，水平岩层在地面上只能看见最新岩层的顶面，表现在地质图上只有一种岩层。如华北平原，在地面上只能看见松散沉积物最上面的一层；如果平坦地面经过河流下切，或者地面起伏很大，可以看到下面较老的岩层。如在山谷或经过河流切割的地方，可以见到水平岩层露头，其倾角为零。

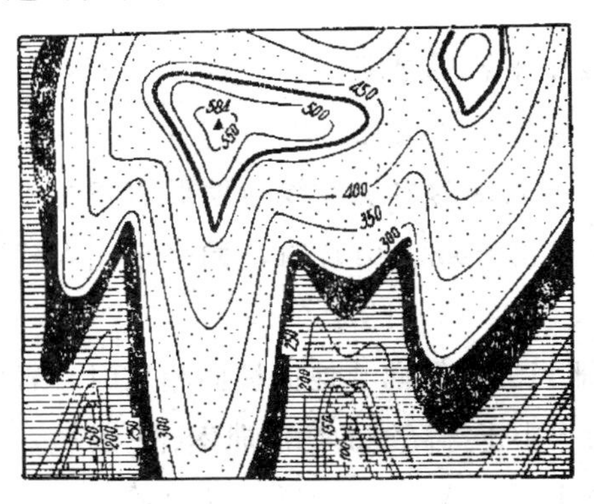

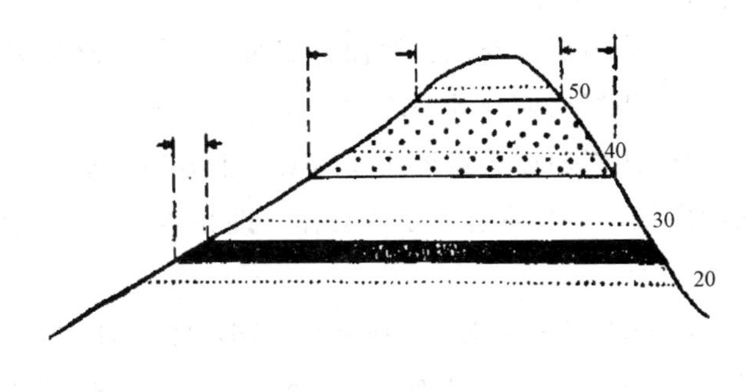

图4-3 水平岩层露头在地质图上的表现

4.2.3.2 直立岩层

直立岩层是指岩层层面与水平面直交或近于直交的岩层(90°)，即直立起来的岩层。在强烈构造运动挤压下，常可形成直立岩层。直立岩层一般具有以下特点：

(1)投影到地形地质图(平面图)上，直立岩层出露界限是一条切割等高线的直线(图4-4)。

(2)不受地形起伏的影响(图4-4)。

(3)直立岩层上下界面之间的最短距离即为其厚度。

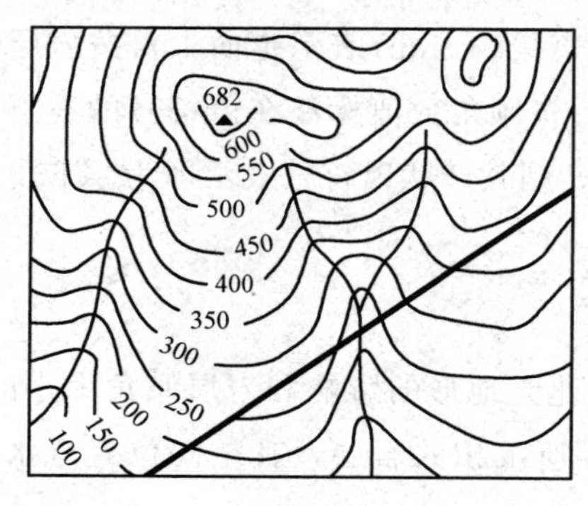

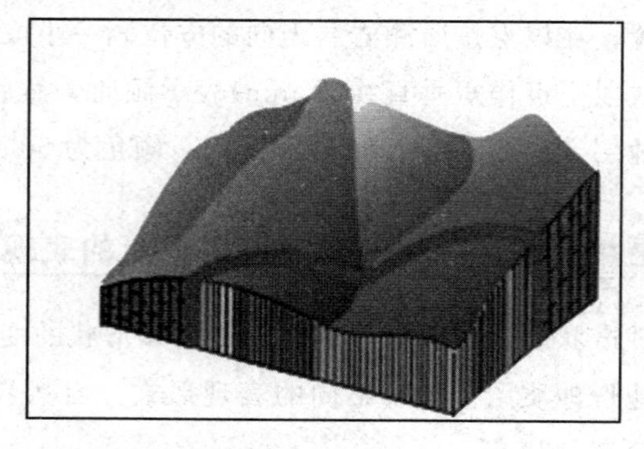

图 4-4　直立岩层露头在地质图上的表现

4.2.3.3　倾斜岩层

倾斜岩层是指层面和水平面有一定交角(0°～90°)，是各种构造变形的组成部分。倾斜岩层一般具有以下特点：

(1)投影到地形地质图(平面图)上，倾斜岩层露头的界线与地形等高线斜交。

(2)倾斜岩层的露头宽度随岩层，主要取决于岩层厚度、岩层倾角，受地面坡角、坡向与岩层倾角、倾向之间关系的影响。一般表现为：倾角不变，岩层越厚，露头越宽；厚度不变，倾角越小，露头越宽。

(3)当岩层倾向与坡向相反时，一般为地面坡度越缓，岩层露头越宽，地面坡度越陡，岩层露头越窄。

(4)当岩层面与倾斜地面直交时，岩层的露头宽度小于岩层厚度。

(5)当岩层面与地面之间的交角由大变小，则露头宽度由窄变宽。

(6)倾斜岩层出露界线在地质图上分布较复杂，主要表现为岩层界线与地形等高线成交切的曲线，并且具有一定的规律，即当岩层界线横穿过沟谷或者山脊时，均呈现出“V”形形态。

(7)具“V”形法则一：倾向反，同弯曲且曲率小。即当岩层倾向与地面坡向相反时，岩层界线与地层等高线的弯曲方向一致且岩层界线的弯曲曲率小于等高线的弯曲曲率(图 4-5)。

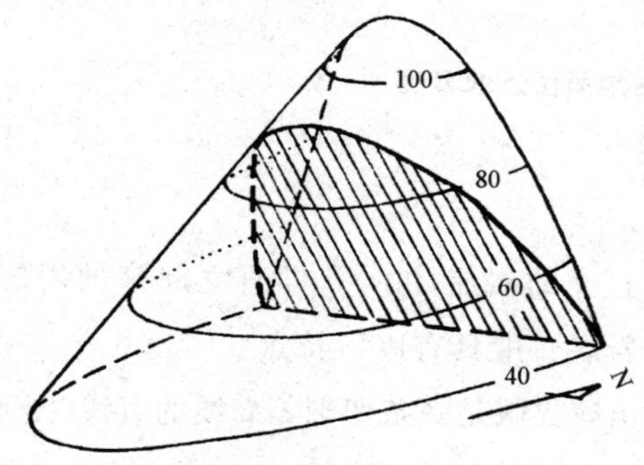

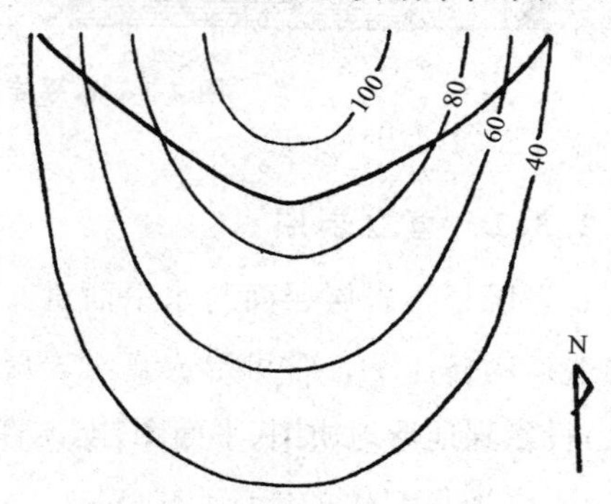

图 4-5　倾斜岩层界线分布形态一

(8)具“V”形法则二：倾向同，倾角大，反弯曲。即当岩层倾向与地面坡向相同且岩层倾角大于地面坡角时，岩层界线与地层等高线的弯曲方向相反(图 4-6)。

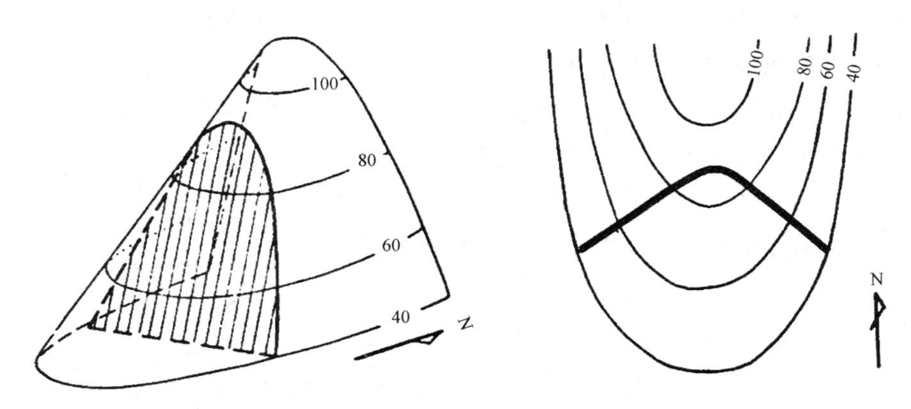

图 4-6　倾斜岩层界线分布形态二

(9)具“V”形法则三：倾向同，倾角小，同弯曲但曲率大。即当岩层倾向与地面坡向相同且岩层倾角小于地面坡角时，岩层界线与地层等高线的弯曲方向相同且岩层界线的弯曲曲率大于等高线的弯曲曲率(图 4-7)。

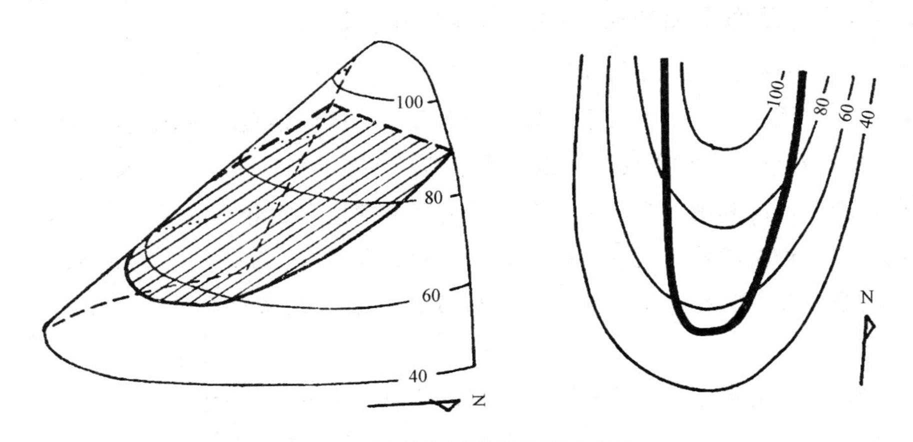

图 4-7　倾斜岩层界线分布形态三

(10)从倾斜岩层顶面到其底面的垂直距离，是倾斜岩层的真厚度(一般简称厚度)，以 h 表示(图 4-8)。倾斜岩层的厚度取决于岩层的铅直厚度(H)和倾角(α)，还受坡面、坡向与岩层的倾角、倾向之间的影响。

$$h = H\cos\alpha \tag{4-1}$$

$$h' = H\cos\beta \tag{4-2}$$

$$h = h'\cos\alpha/\cos\beta \tag{4-3}$$

式中　h——倾斜岩层的厚度；

H——倾斜岩层的铅直厚度；

α——倾斜岩层的岩层真倾角，$0° < \alpha < 90°$；

β——倾斜岩层的岩层视倾角，$0° < \beta < 90°$，$\beta < \alpha$。

在很多情况下，垂直于岩层走向的剖面无法直接得到，这时就需要通过视厚度来求岩层的真厚度。需要指出的是，任何方向所测得的岩层真厚度都相同；任何方向测得的岩层视厚度都大于其真厚度。

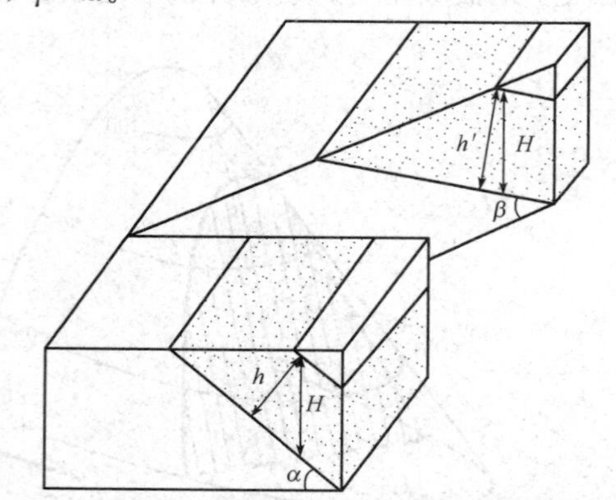

图 4-8　倾斜岩层厚度与视厚度和铅直厚度关系图

h—真厚度；H—铅直厚度；h'—视厚度；

α—岩层的真倾角；β—岩层的视倾角

测算岩层和矿层的真厚度是地质和勘探工作的重要内容之一。在野外露头上，常可以直接测出岩层的真厚度，但在岩层厚度达几百至几千米时，由于地形起伏和植被的覆盖等复杂因素，通常是通过测定地层剖面的方法来计算岩层的厚度。

4.2.4　褶皱构造在地质图上的表现

4.2.4.1　地质图上判断褶皱构造的方法与步骤

褶皱是地壳中最常见的地质构造，它是成层岩石中的层面或者各种面理(层理、劈理、叶理、断层面等)因塑性变形而发生的弯曲变形现象。褶皱存在的标志是在沿倾向方向上相同年代的岩层作对称式重复出现，在地质图上判断褶皱构造的方法与步骤如下：

(1)根据地层产状和地质界线的分布，了解区域内地层的分布情况。

(2)从新、老地层的相对位置，确定向斜和背斜的核部、翼部。背斜核部岩层较两层岩层老，向斜核部岩层较两侧岩层新。通常是背斜两侧毗邻着向斜，向斜的两侧则发育着背斜。

(3)根据地质图上标绘的产状及同一岩层在褶皱两翼露头宽度的差异，确定褶皱两翼产状及其变化。

(4)根据各褶皱构造两翼地层倾角的大小、出露宽度，并参考地质剖面图，判断轴面位置。如两翼倾向相反，倾角大致相等，则轴面直立；两翼倾向、倾角基本相同，则轴面产状也与两翼产状基本一致(即等斜褶皱)。对于两翼产状不等或一翼侧转的褶皱，无论背斜或向斜，其轴面大致是与倾角较小的一翼的倾斜方向近于一致，除平卧褶皱和等斜褶皱外，轴面倾角一般是大于缓翼倾角，而小于陡翼倾角。

(5)根据褶皱两翼地层的平面分布形态，判断各褶皱枢纽产状及倾伏向。当地形平坦且褶皱两翼倾角变化不大时，两翼地层界线基本上平行延伸，可认为褶皱枢纽水平；如两翼岩层走向不平行，或两翼同一岩层界线呈交会或弧形转折弯曲，可认为褶皱枢纽是侧伏的，在倾伏背斜两翼同一岩层界线在枢纽倾伏处交会成 V 形或弧形的凸侧或 V 形尖端指向枢纽倾伏方向。向斜则相反。此外，沿延伸方向核部地层出露的宽窄变化也能反映出枢纽的产状，核部变窄或闭合的方向是背斜枢纽倾伏方向，或向斜枢纽杨起方向；在倒转褶皱中，岩层呈直立处(多在转折端附近)的岩层走向的一端反映了枢纽的倾伏方向，其走向与枢纽方向呈直交处的岩层倾角等于枢纽倾伏角。

(6)褶皱组合形态的认识。在逐个分析地质图上的背斜、向斜之后，再从地质图对同一构造层的轴迹排列形式和剖面上的褶皱组合特征，确定和描述褶皱的组合形式，如雁行式、穹盆构造、隔挡式、隔槽式或复背斜、复向斜等。

(7)综合上述内容，为褶皱命名，描述褶皱的形态。一般描述内容包括褶皱名称(地名加褶皱类型)；褶皱所处地理位置及其所在区域构造部位；褶皱的分布延伸情况；核部位置及组成地层；两翼地层产状及转折端形态；轴面及枢纽产状；次级褶皱分布及特征及褶皱被断层或侵入岩体破坏情况等。

(8)确定褶皱形成时代。主要根据地层间的角度不整合接触来确定。在不整合面以下的褶皱形成于不整合面以下的最新地层时代之后，不整合面以上的最老地层时代之前。

4.2.4.2 背斜和向斜的识读

横穿岩层延伸方向，在某一岩层的两侧依次对称出现新岩层者为背斜；反之，为向斜。即从该岩层轴部(核部)，向两侧(两翼)逐渐出露新岩层为背斜；反之，轴部为新岩层，向两翼逐渐初露老岩层为向斜(图 4-9)。

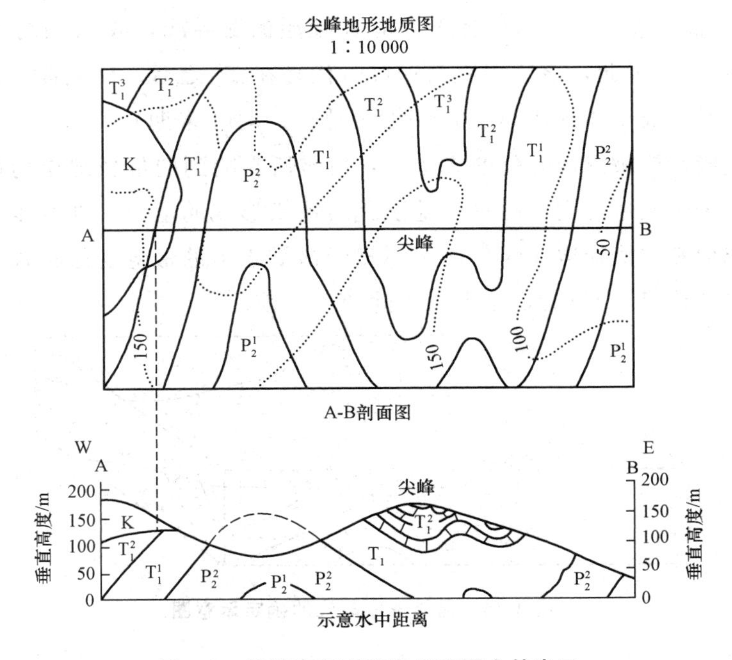

图 4-9 褶皱在剖面图和平面图上的表示

4.2.4.3 褶皱类型的识读

(1)根据褶皱构造的横断面形态。两翼倾向相反，倾角基本相等，称为直立褶皱或对称褶皱；两翼倾向相反，倾角不相等，称为倾斜褶皱；两翼向同一方向倾斜或一翼倒转，倾角较大，称为倒转褶皱；两翼向同一方向倾斜，两翼倾角很小，称为平卧褶皱。

(2)根据褶曲轴的长短。在地质图上各岩层转折端顶点的连线即为轴线。轴向方向代表褶皱的延伸方向，轴线的长短表示褶曲的长短。如果褶曲延伸很长，表现为一系列背斜向斜相连，为线形褶皱；如果褶曲轴较短，在地质图上该褶曲形状为长圆形(长宽比例相差较小)，则为长圆形褶皱(又称为短轴褶皱)；若褶曲轴更短，褶曲形状近似浑圆形，则为浑圆形相皱(又称为穹隆或构造盆地)。

(3)根据褶皱枢纽产状。若褶曲枢纽是水平的，其两翼岩层界线大致沿走向延伸，则为平行褶皱(又称为水平褶皱)；若枢纽是倾状的，其核部必呈封闭曲线，两翼岩层不平行且逐渐呈弧形转折相交，背斜的弧形凸出方向为倾伏方向，向斜的弧形凸出方向为扬起方向，若几个倾伏背斜向斜相连，岩层界线往往表现为“之”字形转折弯曲(图 4-9)。

4.2.4.4 褶皱形成时代的确定

根据地层的角度不整合关系，褶皱形成于不整合面以下的一套岩层中最新的地层时代之后，不整合面以上的一套岩层中最老的地层时代之前。如图 4-9 所示，尖峰地质图中组成该区褶皱的是晚古生代的 T_1 和 P_2 两个时代的地层，图幅西边还有中生代 K 地层，K 与 T_1、P_2 为角度不整合接触，其不整合线就是 K 地层的底界线，故 K 可称为上构造层，T_1 和 P_2 组成下构造层。因此，该区褶皱的形成时代是在 T_1^3 之后、K 之前。以构造运动阶段来说明，则褶皱是形成于印支运动(T_2 末期)或燕山运动(J 末期)。

在地质图上确定褶皱形成时代的方法是：褶皱所影响到的最新地层为褶皱形成时代的下限，而不整合于褶皱地层之上的最老地层代表褶皱形成的上限。即基本原则为，褶皱的形成年代为组成褶皱的最新岩层年代之后与覆于褶皱之上的最老岩层年代之前。如图 4-10 中的褶皱形成于二叠纪(P)以后，早于白垩世(K_1)之前。

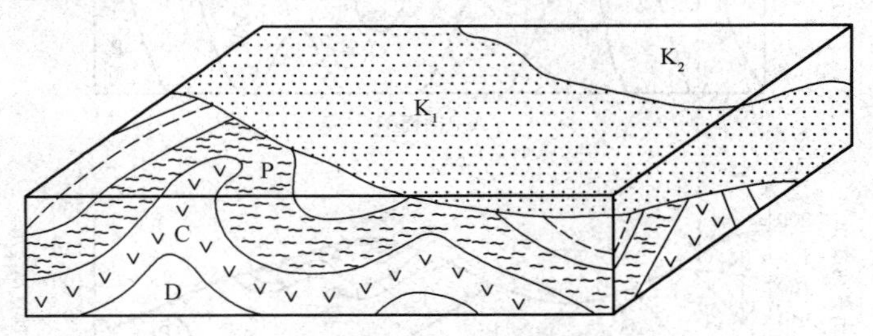

图 4-10 褶皱形成时代的确定示意图

4.2.4.5 褶皱构造在地质图上的表现

表示褶皱构造的地质图，主要有地形地质图和煤层底板等高线图。

1. 地形地质图

褶皱构造在地形地质图上的主要表现是新老岩层呈对称重复出现，岩层产状出现有规律的变化。但在不同比例尺的地形地质图上，其影响褶皱显示程度的因素不同。因此，在不同比例尺的地形地质图上识别褶皱的方法也是有区别的。

(1)小比例尺的地形地质图。在小比例尺的地形地质图上，其岩层层位、露头线的宽度和形态，主要受地质构造的控制，地形对其影响较小。因此，可以根据地层的出露情况直接分析褶皱的形态特征，即当新老地层呈对称重复出现时，就可以认为有褶曲的存在。当核部地层为老地层，两翼为新地层时，是背斜；反之，是向斜。当两翼地层的露头线为一组平行线，核部地层出露宽度变化不大时，表明是水平褶曲(图 4-11)；如果两翼地层的延伸方向不平行，向同一个方向逐渐接近直至相交而构成“V”形时，则为倾伏褶曲(图 4-12)。当地形坡度变化不大时，可以根据两翼同一地层出露的宽度大致确定两翼地层倾角的大小，即露头宽度大的一翼，地层的倾角小，露头宽度小的一翼，地层的倾角大；根据两翼同一地层露头宽窄的变化情况，可大致确定褶曲形态，即直立褶曲、倾斜褶曲。

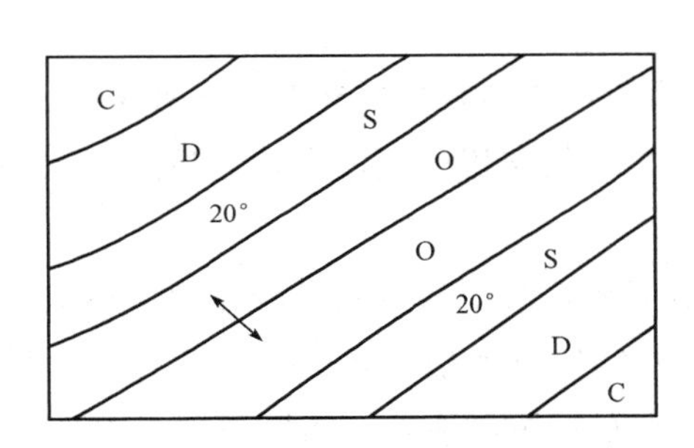

图 4-11　水平褶曲的表现特征

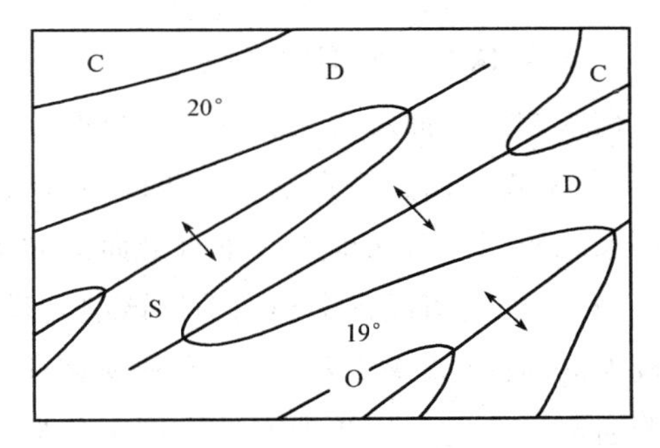

图 4-12　倾伏褶曲的表现特征

(2)大比例尺地形地质图。在大比例尺地形地质图上，由于对地形变化表现得更为明显，因此，水平岩层和倾斜岩层由于地形的切割，也会出现新老地层呈对称重复出现的情况，这时，判断褶曲就不能仅根据地层的出露情况，还要综合分析地层的出露情况、地形特点、岩层的产状特征等因素。

2. 煤层底板等高线图

褶曲形态是多种多样的，其在煤层底板等高线图上的表现形态也不同。

水平褶曲的煤层底板等高线图，为一组大致平行的直线。在这组直线中，如果两侧的等高线的标高大，中间的标高小，则为水平向斜；反之，则为水平背斜(图 4-13)。根据两侧等高线的疏密特征，判断两翼岩层的倾角的大小，等高线越密，倾角越大；等高线越稀，倾角越小。两侧等高线疏密程度相同，则表示两翼岩层倾角大致相等，为一直立褶曲。

倾伏褶曲在煤层底板等高线图上表现为一组不封闭的曲线。在这组曲线中，如果凸向标高值大的方向，则为倾伏向斜；如果凸向标高值小的方向，则为倾伏背斜(图 4-14)。

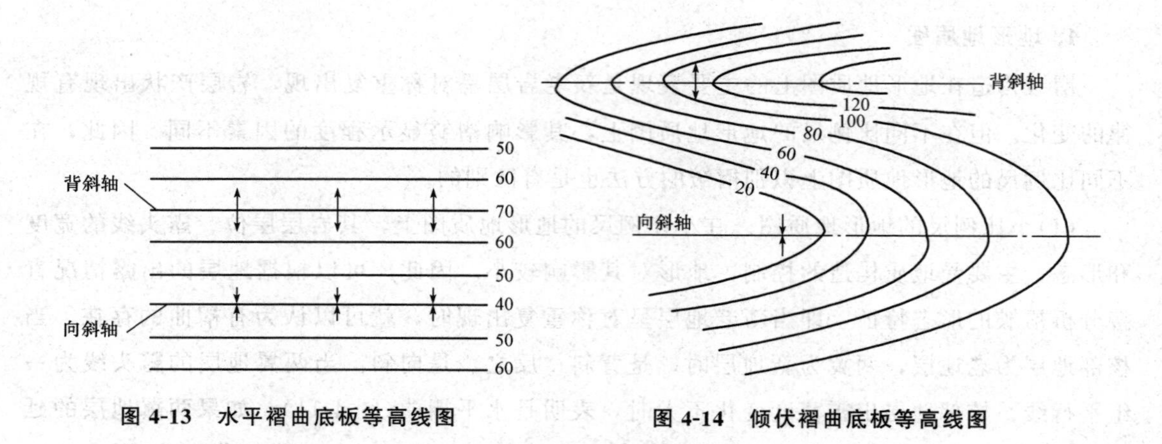

图 4-13 水平褶曲底板等高线图　　图 4-14 倾伏褶曲底板等高线图

褶皱构造煤层底板等高线疏密形态的不同，反映了褶皱构造不同的特征。底板等高线密，反映构造变化急剧；等高线稀，则反映其构造变化缓慢。

4.2.4.6 褶皱构造地质剖面图的绘制

1. 褶皱构造剖面图的类型

褶皱构造剖面图真实反映褶皱形态，一般可将褶皱构造剖面图划分为以下两种：

(1)铅直剖面。铅直剖面一般横切褶皱延伸方向，这是常用的剖面图，它适用于在各种比例尺地质图上反映褶皱在垂直剖面上的特征。

(2)横截面图或正交剖面图。该剖面垂直于褶皱枢纽，对于构造变形较强烈、枢纽倾伏角较大的地区(如变质岩区)，这种横截面图能比较真实地反映褶皱在剖面上的形态。横截面图通常是在比例尺较大的地质图上绘制。纵、横截面图是在垂直于褶皱枢纽的截面上投影而成的。

2. 褶皱铅直剖面图的绘制

(1)分析图区地形和褶皱特征。分析时，应注意地层界线的弯曲是与岩层产状和地形的影响有关还是与次级褶皱有关，如是次级褶皱，应在剖面上反映出来。

(2)选定剖面位置。剖面线应尽可能垂直褶皱轴迹延伸方向，且能通过全区主要褶皱构造，剖面线应标绘在地质图上。

(3)绘出地形剖面。

(4)在剖面线上和地形剖面上用铅笔标出背斜(A)和向斜(V)的位置。除标出明显的褶皱外，对于剖面附近可能隐伏延展到剖面切过处的次级褶皱，也应将其轴迹线延到与剖面线相交处，并在剖面线和地形剖面上标出相应位置。

(5)绘出褶皱形态。将剖面线切过的地层界线交点和褶皱(包括次级褶皱)的转折端位置均投影到地形剖面上。

3. 褶皱构造剖面图绘制时的注意事项

(1)剖面切过不整合界线时，应先画不整合面以上的地层和构造，然后再画不整合面以下的地层和构造，被不整合面所掩盖的地质界线和构造，可顺其延伸趋势延至剖面线上，再将该点投影到不整合面，从此点绘出不整合面以下的地层界线和构造。

(2)剖面切过断层时，先画断层，然后再画断层两侧的地层和构造。

(3)褶皱构造的绘制应先从褶皱核部地层界线开始，然后逐次绘出两翼，并要着重表现出次级褶皱。

(4)剖面线与地层走向斜交时，应按地层的视倾角画出剖面，如剖面切过的地点无岩层产状数值，可按同一翼最邻近的产状数据来画。

(5)褶皱同一翼的相邻岩层的倾角相差较大，上、下岩层又是整合接触关系，这可能是岩层倾角局部变陡或变缓的表现，可按两翼同一岩层厚度基本不变为前提，在地表处的岩层倾角可按所测量值绘，向深处则加以适当修正，使之逐渐与产状协调一致。

(6)轴面直立或近于直立的褶皱转折端的形态与它在平面上的倾伏端露头形态大致相似，在绘转折端形态时也可根据枢纽倾伏角作纵向切面，求出所作剖面处核部地层枢纽的深度，然后结合该层两翼倾角及枢纽位置绘成圆弧(图 4-15)。

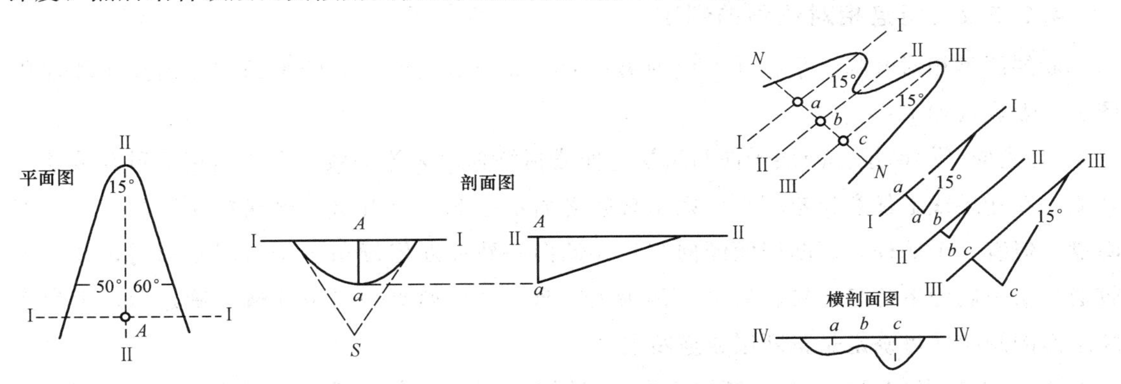

图 4-15 绘制褶皱转折端形态的方法

4.2.5 断层在地质图上的表现

断层是岩层或岩体顺破裂面发生明显位移的构造，其存在依据是不同时代地层的非对称重复或缺失，或者沿地层走向突然中断。断层在地质图上的表现主要包括断层存在的标志、断层线；判断上盘与下盘、上升盘与下降盘；确定断层类型；确定断层形成的时代。

4.2.5.1 断层面产状的判定

断层线是断层面在地面的出露线。因此，它和倾斜岩层的露头线一样，可根据其在地形地质图上的“V”形，用作图法求出断层面的产状(图 4-16)。

在地质图上，往往用一定的符号来表示出断层的产状要素和断层类型或用红色线画出断层线以表示断层走向，用箭头符号表示其倾向，数字表示断层倾角。若没有断层符号标志，则看到某一地层界线沿走向突然中断时，说明该处有倾向断层或斜交断层存在；若沿地层倾向有不正常的地层缺失或不对称的重复出现，则可能存在走向断层。

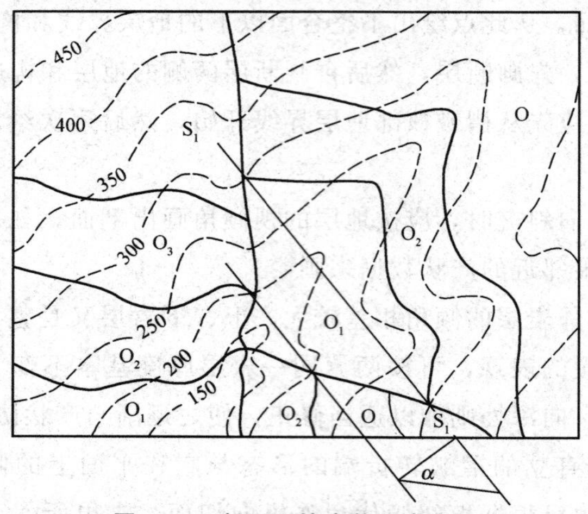

图 4-16　断层面的产状要素求解

4.2.5.2　两盘相对位移的判定

断层两盘相对升降、平移并经侵蚀夷平后，如两盘处于等高的平面上，则露头和地质图上一般表现如下：

(1)走向(纵)断层。断层走向与岩层走向或褶皱轴向大体一致，存在岩层的重复或缺失现象。在断层线上任意指定一点，则出现较老岩层一侧为上升盘，出现较新岩层一侧为下降盘。但有一个例外，即断层面倾向与岩层倾向一致而断层倾角小于岩层斜角时，在出现较老岩层一侧为下降盘，较新岩层一侧为上升盘。断层两盘相对位移情况确定后，再根据断层面的倾向即可确定是正断层或逆断层。

(2)横向断层或斜向断层。断层走向与岩层走向或褶皱轴向垂直或斜交，可造成岩层或褶皱的中断或错开现象。

当横向或斜向断层切割倾斜岩层时，地质图上都表现为岩层界线的错移，而且岩层界线向该岩层倾斜方向移动的一盘为相对上升盘(出现较老岩层)。如图 4-17 所示，断层 F 把 D、C 地层切割，以 D 为标志层可以看出，断层的东南盘 D 地层向东北方向错移，而 D 为向东北方向倾斜的地层，故此断层的东南盘为上升盘，西北盘为下降盘。

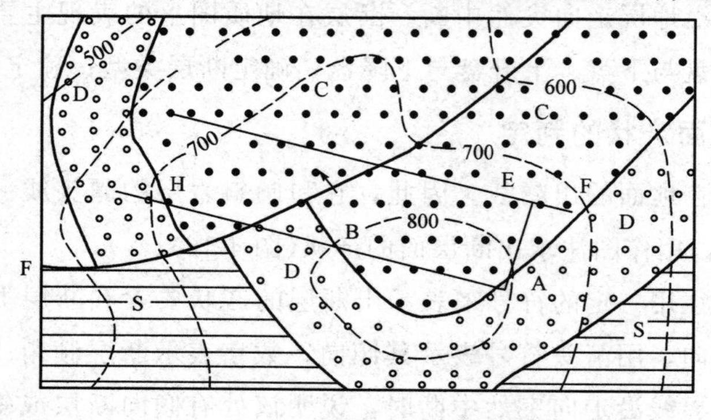

图 4-17　具有断层的地质图

当横向或斜向断层切过褶皱时，则会使褶皱核部(或轴部)在断层两侧发生宽窄的变化，背斜核部变宽或向斜核部变窄的一盘为上升盘；反之，为下降盘，如为平移断层则两盘核部宽窄不变。同理，断层相对位移情况确定后，再根据断层面的倾向，即可确定该横向或斜向断层是正断层还是逆断层。如图 4-17 所示，断层 F 向西北倾，其东南盘上升，则此断层为正断层。

当横向或斜向断层切割褶皱时，如果地质图上地层界线或褶皱轴线发生错动，它既可以是正(或逆)断层造成，也可以是平移断层造成，这时根据其他特征来确定其相对位移方向。若是由正(或逆)断层造成的地质界线错移，则岩层界线向该岩层倾向方向移动的一盘为相对上升盘。若是褶皱，则向轴倾斜方向移动的一盘为上升盘。断层两盘核部只有位置的错移而无宽窄的变化，则为平移断层。

4.2.5.3 断层时代的确定

(1)根据角度不整合接触关系确定，断层一般发生在被其错断的最新地层之后，而在未被错断的上覆不整合面以上的最老地层之前。如图 4-17 所示，断层 F 切断 S、D、C 地层，则其必在 C 时代之后，但该图未见覆盖它的岩层，故在哪个时代之前发生尚未能确定。与岩体的相互关系来判定，被切割者时代较老，切割者时代较新。

(2)根据与岩体或其他构造的切割关系确定，一般被切割的断层时代相对较老。

4.2.5.4 断层描述

断层描述的主要内容一般包括断层名称(地名及断层类型)，或断层编号、位置、延伸方向、通过主要地点、延伸长度、断层面产状、两盘出露地层及产状、地层重复、缺失及地质界线错开等特征、两盘相对位移方向、断距大小、断层与其他构造的关系、断层形成时代及力学成因等。

4.2.6 地层柱状图

地层柱状图或柱状剖面图是指按一定比例尺和图例，将工作区地层自下而上(即从老到新)把各地层的岩性、厚度、接触关系等现象用柱状图表的方式表示出来的图件，是对研究区地层、厚度、岩性、岩相古地理、古生物的总结(图 4-18)。地层柱状图实际上也是一种剖面图，或称柱状剖面图。实测地层柱状图仅反映该实测地层剖面上的岩性，以及地层的层序、时代、厚度、接触关系及其他地质现象。每条实测地层剖面都应编制该剖面的实测地层柱状图，以便掌握和对比填图区内地层在横向上的变化规律。

4.2.6.1 地层柱状图的内容

地层柱状图反映了该实测地层剖面上的岩性以及地层的层序、时代、厚度、接触关系及其他地质现象。一般包括以下内容：

(1)图名和数字比例尺，位于图的正上方。

(2)图的栏目，主要包括地层单位、代号、厚度、柱状图、分层号、岩性描述。

××地区综合地层柱状图

界	系	统	组	段	代号	柱状图	厚度/m	岩性描述	备注
上古生界	二叠系	下统	山西组		P_2s		60	底部为褐灰厚-中厚层状岩屑石英杂砂岩，向上为粉砂岩、砂质泥岩、泥岩和煤	
	石炭系	上统	太原组		C_3t		80	下部为石英砂岩、砂岩、煤层，中部为砂岩、粉砂岩、粉砂质泥岩、石灰岩夹粉砂岩和薄煤层，上部为中厚层状石英砂岩、黑色粉砂质而岩，含菱铁矿层或结核，顶部局部发育煤层	
			本溪组		C_3b		0~46.4	铝质泥岩、石英砾岩、粉砂质泥岩和泥岩，顶部局部有石灰岩	
下古生界	奥陶系	中统		第七段	O_{2-7}		48.2	肉红色、浅灰结晶粒状白云岩化石灰岩	

图 4-18　实测地层柱状图

4.2.6.2　地层柱状图的绘制

地层柱状图可以分为实测地层柱状图和综合地层柱状图两种，下面将主要介绍实测地层柱状图的编制方法。实测地层柱状图的编制方法和步骤如下。

1. 岩层厚度的计算和整理

岩层厚度的计算一般在实测地质剖面原始资料整理时同步进行。但在厚度资料整理和计算过程中应注意以下几个问题：

(1)对于遇有断层的实测地层剖面，由断层引起的地层重复应予去掉。如图 4-19 所示，h_1 与 h_2 同属$\in_3$ 地层(断层 F 引起的地层重复)，由于 $h_1>h_2$，应取 h_1 厚度作为该地层的厚度，不能把 h_1 和 h_2 的厚度之和作为$\in_3$ 的厚度。当由断层引起的地层缺失，则是以所见的地层厚度作为该层的厚度，并在地层柱状图中表示和说明断层的存在。

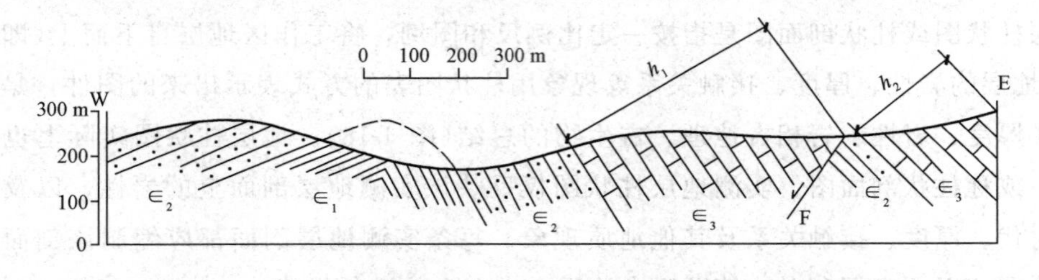

图 4-19　有褶皱和断层的实测地质剖面图岩层厚度的取舍示意图

(2)实测地层剖面中有褶皱构造发育时，应计入褶皱一翼的厚度。如图 4-19 中$\in_3$ 砂岩出露于褶皱的两翼，东翼砂岩厚度完整，应取东翼的砂岩厚度作为该砂岩的厚度。

(3)根据实测地层剖面的资料，由老到新自下而上分别整理出各岩性、层组及不同时代地层的厚度，然后相加累计成总厚度。厚度以米(m)为单位，小数点后取两位。

(4)第四系是不整合在下伏各时代地层之上的一套地层，不能根据实测地层剖面中所见第四系的位置，按整合岩层计算厚度并放在成层岩层之中，造成在地层柱状图中第四系被夹在老地层之中的不正确画法。

(5)岩浆岩侵入体不计算厚度，也不能在某一层位地层柱状图中画出。但呈岩床产出的岩浆岩，可以在地层柱状图中的相应层位予以反映，但其厚度一般应与被侵入岩层的厚度相吻合。

2. 地层柱状图的格式

(1)根据实测剖面计算获得的各个分层地层厚度、总的厚度及岩性种类，确定适当的比例尺和图例(表 4-1)。实测地层柱状图的比例尺应等于或大于实测地层剖面的比例尺。在这种原则下，所选用的比例尺对主要岩性特征，特别是标志层的特征在地层柱状图中能够得到清楚反映。根据地层总厚度及制图比例尺，计算出柱状图的总长度，并合理确定柱状和各栏的宽度，使整个图面成一竖长的矩形。一般总长以不超过 1 m 为宜，岩性柱状宽度保持在 2 cm 左右，其余各栏视需要而定。

表 4-1 地层综合柱状图格式一览表

地层				地层代号	厚度	柱状图	分层号	岩性描述
界	系	统	组					
1 cm	1 cm	1 cm	1 cm	1 cm	1 cm	2.5 cm	1 cm	5 cm

(2)按照地层柱状图绘图格式表绘制各栏目的图框、纵线和图头。

(3)在图的上方标注图名和比例尺。

(4)根据各分层厚度，按照比例尺截取柱状图的长度。个别厚度较大而岩性单调者，可用省略号缩短在柱状图上的长度。某些厚度虽小但意义重大的(如矿层、标志层)，无法正常表示，可以夸大至 1～2 mm 画出，但文字描述应注明其真实厚度。

(5)用规定的符号标明各个地层之间的接触关系。国际统一规定以"——"表示整合接触，"－－－"表示假整合接触，"～～～～"表示不整合接触。

(6)用规定的花纹与符号在柱状图上填筑岩性，如有侵入岩，则根据产状画在相应的地层边缘。

(7)完成地层年代、代号、厚度、岩性描述等栏目文字内容。

(8)在图的右侧画岩性花纹与符号案例，1 cm×0.8 cm。

(9)在图的左下方绘制图区位置及剖面位置图，在图的右下方绘制责任表，包括图名、资料来源、制图人、审核人、制图日期等。

3. 编制实测地层柱状图

(1)根据岩性柱状总长度和各栏目的总宽度，首先绘出图框，上、下要留出图名、比例尺和责任表的位置，然后按已定格式绘制各栏目。

(2)填绘岩性柱状。岩性柱状自下而上由老到新，为确保精度，使作图误差得到合理分配，根据各级地层单位的总厚，逐级画出各自的地层单位界线，然后根据岩性厚度再细分，以便保证总长度不变，防止按顺序累计绘制，出现总长度超长或不足的现象。待检查无误后，即可填绘岩性符号。当有不整合接触关系时，则应画出相应的接触关系符号；对于煤层和有特殊意义的岩、矿层，由于比例尺限制而表示不出时，可适当夸大加厚，予以表示。

(3)根据岩性柱状的岩性地层分层向两侧延伸横线。由于各岩层厚度不一，有时相差较大，直线延伸将会造成岩性描述、地层单位名称等文字容纳不下或字数过稀，致使文字书写过于拥挤和过于稀疏并存，在整体上显得不够美观，这时应充分利用岩性柱状两侧的空白窄缝(引线空格)，引斜线进行适当调整，并使其他栏目的上、下分界线均保持水平，求得图面结构布局合理。

(4)填写各栏中的数字和文字。文字书写要工整，各种数字、代号要规范，层序、累计厚度由下而上顺序编号和累计。

(5)岩浆岩在地层柱状图中的表示。对于火山岩，一般将其厚度纳入地层厚度，并根据岩性采用规定的岩性花纹符号绘入岩性柱状中。

(6)检查整饰。实测地层柱状图作图完毕，应进行全面的复核检查，在认定没有问题之后书写图名、比例尺和责任表。由于地层柱状图中有岩性描述一栏，故无须再附图例。

4.2.7 地质剖面图

一个地区在地质历史上不可能永远处在沉积状态，常常是一个时期下降接受沉积，另一个时期抬升产生剥蚀，抬升遭受剥蚀时因地形较高而无法沉积，造成该时期地层缺失。因此，现今任何地区保存的地质剖面中都会缺失某些时代的地层，造成地质记录不完整。故需对各个地层层序剖面进行综合研究，把各个时期出露的地层拼接起来，建立较大区域乃至全球的地层顺序系统，称为标准地层剖面。通过标准地层剖面的地层顺序，对照某地区的地层情况，也可排列出该地区地层的新老关系和缺失的地层。这种方法常被称为标准剖面法。

通常地质剖面实测是在地质填图之前进行。为更清楚研究不同区域地层岩性、岩层厚度、构造形态、古生物和地史及地球化学特征，进行精确的层序划分及地质环境变迁分析等，提高地质填图的质量，必须进行地质剖面实测，并绘制地质剖面图。

地质剖面的类型主要有地层剖面、岩体剖面、构造剖面、火山岩剖面、第四系剖面、矿体剖面、地貌剖面等。每种剖面有不同的作用，解决不同的地质问题。现以地层实测剖面为例加以说明。

4.2.7.1 实测剖面位置的选择

地层剖面图主要反映图区内地下构造形态及地层岩性分布。制作剖面图前，首先要选定剖面线方向。剖面线应放在对地质构造有控制性的地区，其方向应尽量垂直岩层走向和构造线，这样才能表现出图区内的主要构造形态。选定剖面线后，应标在平面图上。

实测地层剖面位置通常应选定在岩层露头比较全，地层分布比较连续，出露比较完整，构造简单，产状稳定，接触关系清楚，化石丰富，地形坡度较平缓，岩性组合和岩层厚度具有代表性，剖面线短的地方。

4.2.7.2 实测地层剖面的技术要求

实测地层剖面的方向应基本垂直于地层走向，两者之间的夹角应小于60°。当露头不连续时，可布置短剖面加以拼接。作图时应注意剖面平移时，是否有地层遗漏或重复，注意层位拼接的准确性。

实测地层剖面时比例尺以能充分反映最小地层单位或岩石单位为原则。剖面图水平比例尺一般与地质平面图一致，这样便于作图。剖面图垂直比例尺可以与平面图相同，也可以不同。当平面图比例尺较小时，剖面图垂直比例尺通常大于水平比例尺。常用比例尺，如1∶5 000～1∶2 000、1∶2 000～1∶1 000、1∶500～1∶100、1∶100～1∶50。

4.2.7.3 实测地层剖面方法

按确定的比例尺做好水平坐标和垂直坐标，将剖面线与地形等高线的交点，按水平比例尺铅直投影到水平坐标轴上，然后根据各交点高程，按垂直比例尺将各投影点定位到剖面图相应高程位置，最后圆滑连接各高程点，就形成地质剖面图。具体如下。

1. 组织分工

测手：前后测手各一人，主要任务是使用罗盘测量导线的方位和地形坡度角，用皮尺或测绳丈量地面斜距，一般剖面测量需要4～5人。

观测员：负责地层的划分和各种地质现象的观察与描述，绘制地质剖面图。

标本采集员：采集各种标本和样品，并做好标本和样品的登记和标签的粘贴。

记录员：负责按剖面测量的表格记录各种实测数据，对岩性、地质现象等做粗略的描述。测量的数据用专门的登记簿详细记录，常用格式见表4-2。

表 4-2 实测地质剖面记录表

剖面位置名称__________ 比例尺__________

导线号	层号	导线方位角	坡度角	导线距			高差	累计高差	岩层产状				分层厚度	累计厚度	导线与岩层走向间夹角	地层时代	岩性描述	标本		备注
				总斜距	分层斜距	水平距			测量部位	倾向	倾角	视倾角						采集部位	编号	

测制人： 记录人： 审查人： 测制日期：

2. 实施方法及内容

将实测剖面的起始位置标于地质图上，按从老到新的地层顺序测量。后测手站立于起始点，前测手将测绳或皮尺拉向另一端(第一导线的终点)，拉直皮尺或测绳，读出长度(即为导线长度或斜距)，而后两人同时测定导线的方位角和地形坡角，并相互校正。观测时前后测手应照准相同高度，反复测量几次，取其平均值。方位角及坡角(仰角或俯角)一律按前进方向为准，由后测手报给记录员。然后测定岩层出露宽度、地层产状，结果报给记录员。与此同时，在本测尺的量度范围内逐层观察、描述和采集各类标本、样品，并测量数个采集点、分层点的位置。记录员将上述读数和观察内容以及标本、样品编号按记录格式要求详细描述和记录，填写剖面记录表。

3. 实测地层剖面记录表的填写方法

(1)观察点。在测量剖面时，除对起点和终点进行标高测量外，对一些重要的地质现象如矿化点、化石、各种标本和样品采集点等均应标定在剖面图上，并注明其编号。观察员和记录员均应进行相应的野外描述和编录。

(2)导线号码。导线编号采用0—1，1—2，…。

(3)方位角。每段导线都要测量其方位角，并将测量结果填写在记录表中。测定方位角以后测手为准，由后测手读出前视方位角，前测手回视校正。然后后测手报与记录员和观察员进行野外编录。

(4)导线距离。每段导线用皮尺或测绳量出斜距填入表格相应栏内，平距(水平距离)要查表换算出来后再填写，在操作时皮尺或测绳务必拉直，以减少误差。

(5)坡度角。坡度角以后测手为准进行测量。由低处向高处测量时，后测手测出的是仰角(记录时为"+"号)，前测手测出的是俯角，用以矫正，如两者读数相差不大，取其平均值记录与表内，如相差较大时，应重新测量。如后测手为俯角时(即下坡)应记为"－"号，前测手用仰角加以校正。

(6)高差前后两点的高程差。高差前后两点的高程差应通过计算得出(图 4-20)，高出前点为"+"号，低于前点为"－"号。高差根据坡角(D)及斜距(L)来计算，计算高差后，应将各点的累积高差计算出来(表 4-3)以便绘制地形剖面，换算公式见式(4-4)和式(4-5)。

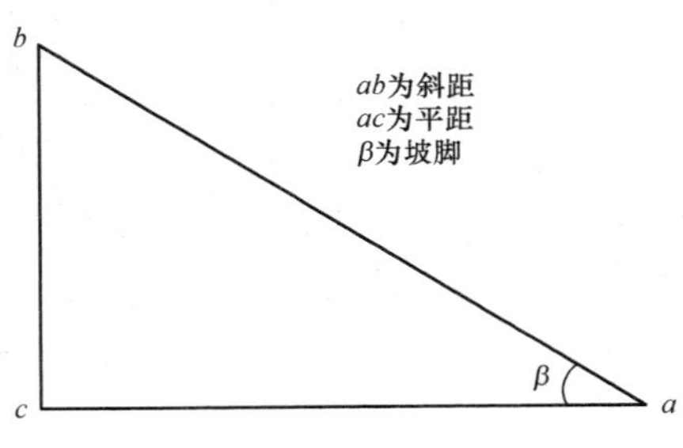

图 4-20　斜距换算图例

斜距与平距换算如下：

$$|ac| = |ab| \cdot \cos\beta \tag{4-4}$$

式中　$|ab|$——斜距；

$|ac|$——平距；

β——坡角。

斜距与高差换算如下

$$|bc| = |ab| \cdot \sin\beta \tag{4-5}$$

式中　$|bc|$——高差。

(7)岩层真厚度计算。根据野外实测的岩层出露宽度(斜距 L)、岩层倾角(α)、地形坡度角和剖面线方向与岩层走向的夹角(γ)，计算岩层真厚度，一般情况采用下列公式运算：

$$D = L(\sin\alpha \cdot \cos\beta \cdot \sin\gamma \pm \cos\alpha \cdot \sin\beta) \tag{4-6}$$

4. 实测地层剖面野外记录

实测地层剖面地质观察内容包括实测地质剖面记录表、地层岩性、产状及其接触关系、断层、节理、褶皱等各种构造要素以及矿层、标志层等。

(1)记录。文字记录要注意准确、充实。例如，角砾岩在不同的地质环境中就有不同的意义。它可以代表一个不整合面(底部角砾岩)，也可以代表局部上升作用(同生角砾岩)，也可代表一种溶蚀作用(溶洞角砾岩)，更常见的是代表一种动力作用(断层角砾岩)。如果不加以仔细地观察和全面的描述，笼统地记录为角砾岩，就无法说明它的真实意义。记录中必须重点突出、主次分明。对重要的地质现象或首次观察的地质现象要详细描述，表达出其主要特征。

表 4-3　实测地质剖面记录表

剖面编号：

导线方向	导线编号	斜距/m L	地层倾角 α	坡度角 β	地层走向与剖面线夹角 γ	$y=\sin\alpha\cdot\cos\beta\cdot\sin\gamma\pm\cos\alpha\cdot\sin\beta$								高差 $h=L\cdot\sin\alpha$	累计高差	平距 $M=L\cdot\cos\beta$	真厚度 $D=L\cdot y$	分层号	分层累计厚度	备注
						$\sin\alpha$	$\cos\beta$	$\sin\gamma$	积	±	$\cos\alpha$	$\cos\beta$	积							
184°	0—1	48	45°	5°	78°	0.707 1	0.996 2	0.978 2	0.69	+	0.707 1	0.087 5	0.06	4.2	4.2	47.82	36	1		
190°	1—2	40	44°	−8°	80°	0.694 7	0.990 3	0.984 8	0.68	−	0.719 3	0.139 2	0.10	−5.57	−1.37	39.61				
		24 (0～25)	44°	−8°	80°	0.694 7	0.990 3	0.984 8	0.68	−	0.719 3	0.139 2	0.10			24.76	14.5	1	50.5	
		15 (25～40)	42°	−8°	83°	0.669 1	0.990 3	0.992 6	0.66	−	0.743 1	0.139 2	0.10			14.85	8.4	2	8.4	
204°	2—3	53	41°	27°	84°	0.656 0	0.891 0	0.994 5	0.58	+	0.754 7	0.454 0	0.34	24.06	22.69	47.22				
		16.5 (0～16.5)	41°	27°	84°	0.656 0	0.891 0	0.994 5	0.58	+	0.754 7	0.454 0	0.34			14.70	15.2	3	15.2	
		5.2 (16.5～2.7)	38°	27°	82°	0.615 7	0.891 0	0.990 3	0.54	+	0.778 0	0.454 0	0.36			4.63	4.7	4	4.7	
		3.3 (2.7～53)	38°	27°	82°	0.615 7	0.891 0	0.990 3	0.54	+	0.778 0	0.454 0	0.36			27.89	28.2	5		
217°	3—4	38	32°	−13°	76°	0.530 0	0.974 4	0.970 3	0.50	−	0.848 0	0.225 0	0.19	−8.55	14.14	37.02			36.0	
		25 (0～25)	30°	−13°	76°	0.530 0	0.974 4	0.970 3	0.50	−	0.848 0	0.225 0	0.19			24.35	7.8	5	36.0	
		13 (25～38)	30°	−13°	71°	0.500 0	0.974 4	0.944 5	0.46	−	0.866 0	0.225 0	0.19			2.67	3.5	6		
197°	4—5	45	27°	17°	88°	0.454 0	0.956 3	0.999 4	0.43	+	0.891 0	0.292 4	0.26	13.16	27.30	43.03				
		9 (0～9)	27°	17°	88°	0.454 0	0.956 3	0.999 4	0.43	+	0.891 0	0.292 4	0.26			8.61	6.2	6	9.7	
		9 (9～18)	26°	17°	89°	0.438 4	0.956 3	0.999 9	0.42	+	0.898 8	0.292 4	0.26			8.61	6.1	7		

注：本表引自卢选元等《地质调查基础知识》，1987

组长：　　　　检查：　　　　计算：　　　　年　　月　　日

(2)岩性的分层描述。对岩性的描述应按一定顺序进行，首先写明地层代号和岩石名称，然后依次是岩石的颜色、结构构造、矿物成分及其名称，最后描述其他特征。如中厚层块状白云质灰岩，岩石新鲜面为浅灰色，风化后呈灰黑色，单层厚度为 10 cm 左右，层面上偶有波痕，岩石致密，具有贝壳状断口，硬度小于 5.5，滴盐酸起泡。

(3)含矿层的描述。含矿层的描述主要包括所含矿层的厚度、延伸方向、赋存形态、尖灭位置等。

(4)对古生物化石的描述。对古生物化石的描述主要包括化石的种类、丰富程度、生态和保存状态等。

(5)接触关系的描述。地层间的不整合或假整合接触关系是划分地层的重要依据。因此，对于不整合或假整合现象观察的重点是上、下岩层的岩性、产状或岩石结构上的突变，特别是描述其上部的粗屑岩石。

(6)产状要素的测量和记录。产状要素是描述地层、断层等面状构造要素空间状态的主要数据，对褶皱形态要素也要测量和计算其产状，如轴面的倾向、倾角、轴线的走向等。

(7)地质构造的描述。地质构造主要包括褶皱、断层、节理、劈理等构造现象。一般主要描述其分布情况、形态特征和规模大小、力学性质和形成时代、各种构造的相互关系，特别要注意观测和记录各种构造与岩浆活动、成矿作用的关系。

(8)对特殊的地形、地貌的描述。在许多地区，一些特殊的地貌特征能初步判定属哪个层位，如岩溶地貌、丹霞地貌等。另外，需要进行照片拍摄和作地质素描图，并对所有照片和素描图都要作出统一编号，记录它们在导线上的位置。

5. 标本及样品的采集和编录工作

标本和样品的采集时要注意代表性和真实性，除对不同类型的标本和样品有专门的规定要求外，一般来说，供鉴定原始成分的样品，采样时应十分新鲜，没有次生破坏或混入物。对于不同类型岩矿标本的采集要求如下。

(1)沉积岩。对调查区内各种时代地层剖面的每一种代表性岩石应按层序系统采集，同时也要采集反映沿走向变化的标本，有沉积矿产的地段和沉积韵律发育地段，应加密采集。

(2)岩浆岩。每个岩体中采集各种有代表性及过渡类型的标本；对析离体、捕虏体、同化蚀变现象也要注重采集；内外蚀变带应由弱到强系统采集；岩体中各种岩脉及岩体接触的各种围岩均应采取代表性的标本。对各种类型的火山岩，按韵律及岩性、垂直走向和沿走向有变化的地方系统采集。注意有关接触带烘烤现象、冷凝边、彼此穿插关系等标本。

(3)变质岩。按剖面根据变质程度系统地采集，并注意标本中应含有划分变质带的标准矿物；应分别对不同夹层、残留体(由边缘到中心)、混合岩(分基质和脉体)系统采集鉴定标本。

(4)矿石。要根据矿石的自然类型、工业类型、矿物组成、结构和构造、围岩蚀变、接触变质、矿石和围岩的关系，以及各种有益矿物的相互关系、有益矿物和脉石间的关系等特征进行采集。对矿石标本应同时采集供矿相学研究的光片标本。

4.2.7.4 实测剖面图的绘制方法

由于在实测过程中的具体情况、具体要求及人们的习惯不同，实测地质剖面图有着不同的绘制方法。归纳起来，可分为直线法、展开法和投影法三种。

1. 直线法

由于剖面导线始终保持一个方向，实际上整个剖面导线是由各分导线组成的一条直线，故称为直线法。

直线法适用于构造简单、岩石裸露，以及地形平坦、通行条件好的地区。其特点是导线始终保持一个方向，并且大致垂直于地层或构造线的走向，沿剖面线只有地形的起伏而无其他因素干扰。因此，用直线法作图具有方法简单、误差小，能真实反映地表地质情况的优点。但由于直线法仅能适用于导线始终保持一个方向的剖面，因此，满足这种条件的往往是一些短剖面，对于多数实测剖面方向有一定变化的长剖面来说，直线法作图已解决不了实际问题。

剖面图的绘制一般是在方格计算纸上绘制。首先应该根据剖面的长度和高度，按制图比例尺缩小后，留足图名、比例尺、图例、责任表等所占面积，选足够大小的绘图用纸，然后根据实测地质剖面记录表的数据和内容作图，其步骤如下(图 4-21)。

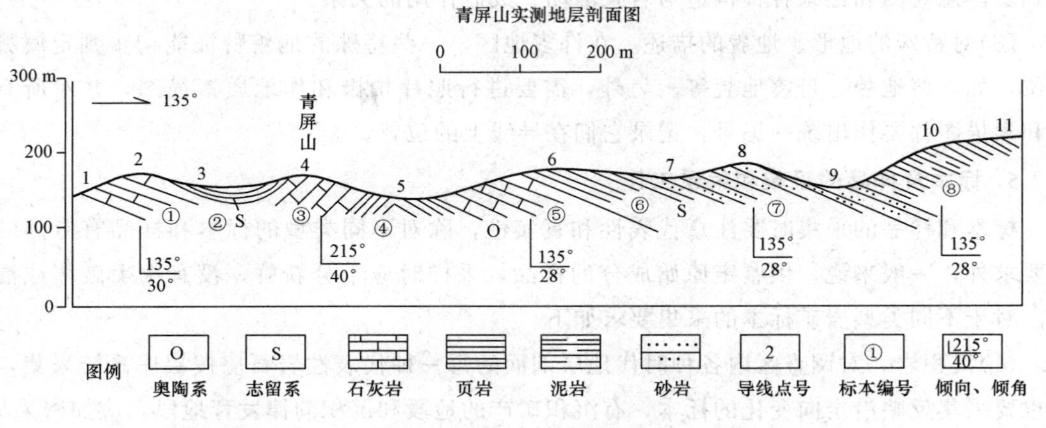

图 4-21 直线法绘制剖面图

(1)绘制地形线。

1)根据实测剖面总水平距、最高导线点与最低导线点之间的高程差，剖面图的纵、横比例尺(一般纵、横比例尺应一致)，画出剖面图的基准线(水平线)，在基准线的两端垂直向上做垂直比例尺，基准线的位置要比最低导线点的高程略低，以能够表示岩性、构造及产状、标本等各种注记为准。垂直比例尺的高度要比最高导线点的高程相等或略高，终止高程应是垂直比例尺的整刻度。

2)依据各导线点的水平距和累计高程，分别作出各地形点，然后连接各点，同时，参考剖面草图勾绘的地形细节，画成一条圆滑的地形线轮廓线，并在地形线上注明各导线点的位置。

3)绘制地形轮廓线也可根据导线斜距和相应的地形坡脚资料，直接在图上投点，然后连接各点画出地形轮廓线。这种作图方法比较简单，无须换算导线平距和高程，当地形轮廓线画好以后，根据剖面起点的高程合理确定剖面基准线和垂直比例尺的起、终点。但这种方法的缺点是容易产生累计误差，如剖面的实际长度和高程与作图长度和高程不符的现象。

(2)填绘地质内容。地质内容按分层平距垂直投影到地形线上，并找出岩层分界点的位置，根据岩层在剖面线方向上的视倾角绘出分层界线。如果剖面线方向与岩层走向夹角大于80°，可直接用岩层真倾角绘出岩层分界线，不需进行视倾角的换算。各分层依据岩性描述的内容，选择相应的岩性符号将其绘出填满，注明分层编号、产状、地层代号、标本采集地点及其编号。为了醒目，通常岩层界线比岩性符号线稍长，地质时代界线要比岩层分层界线稍长。对于实测构造剖面或实测地层剖面中有地质构造时，应注意首先将断层在地形线上的位置找出，然后再绘岩层分界线。当遇到不整合时，则应首先将不整合面画出，然后再画下下伏地层。对于平行不整合，要用规定的线条加以表示。在断层线两侧，应表示它们在该剖面上的相对位移方向、断距及其断层产状。对于被剥蚀的褶皱，选择适当层间界面用虚线将其相连，以反映构造形态的完整性。

(3)整饰。填绘好地质内容之后，应进行一次详细的自查，核实无误后便可对图面进行整饰。整饰工作主要包括清除制图过程中的辅助点、线，修正线条的宽度和色调轻重，断层线改用红色，标注剖面方向、产状、分层号，书写图名、比例尺、绘制图例、责任表及图框等。

图名要求使用美观、大方的字体，书写在图的上方居中位置或图幅内上方的适当位置。比例尺可用数字比例尺或线条比例尺表示，一般放在图名下方正中位置。其中，垂直比例尺一定采用线条比例尺；当水平比例尺与垂直比例尺不一致时，图名下方的比例尺应分别表示。剖面方向要用方位角标于剖面两端垂直比例尺或竖直线的顶端，也可在剖面的一端用箭头表示。图例一般放在图的左下方，用大小统一的长方形小方框画出，按一定顺序排列并用文字标注。责任表放在图的右下方位置。有时因剖面的长度、地形变化等各种因素，为使图面布局合理，上述各项的位置可以适量灵活掌握，但必须符合剖面图的图式要求。

2. 展开法

在实测剖面过程中，由于各种因素影响，剖面导线不可能始终保持一个方向而多呈反复转折。因此，作图时采用将导线拉直，犹如一个呈折线摆放的屏风，使之展开为一平面，这种作图方法称为展开法(图4-22)。

展开法作图的优点是制图方便，不影响分层厚度的计算，就其每条导线内部来说，其地层、构造情况完全与真实情况相一致。但从展开以后的整体来看，地质体的形象有时却受到了一定程度的歪曲，如加大了地质体的实际长度，同一产状不同导线段视倾角不同，甚至会出现人为的褶皱、断层或不整合现象等。

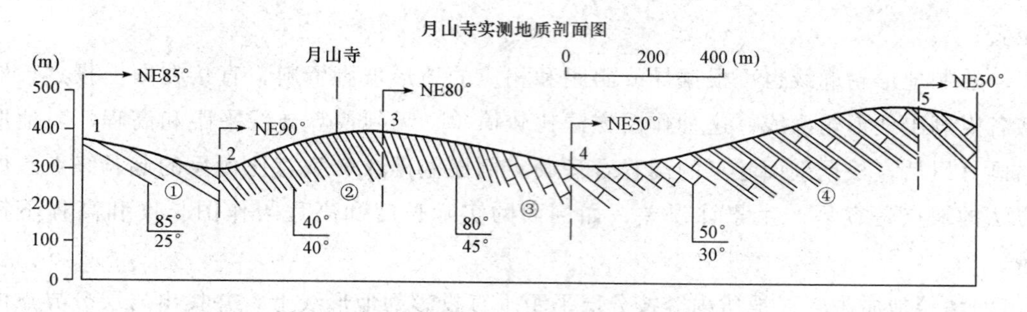

图 4-22　展开法作实测地质剖面示意图

展开法作图简单，无论剖面导线如何变化，一律拉成一条直线，每条剖面导线都按直线法作图，最后对接在一起构成一条完整剖面，并在对接处注明剖面方位，其他图素和整饰内容同直线法。

3. 投影法

投影法是剖面导线方向不断转折的另一种制图方法。它是将实测的导线点、岩性分界点、地层界限点、岩层产状、断层、岩体界线点等垂直投影到水平面上，然后再投影到重新确定的剖面总方向线上，最后绘制剖面图的一种方法(图 4-23)。由于投影法作图比较复杂，图面的构成与直线法和展开法不同，除图名、比例尺、图例和责任表等外，它通常由平面图和剖面图两大部分组成(图 4-24)。

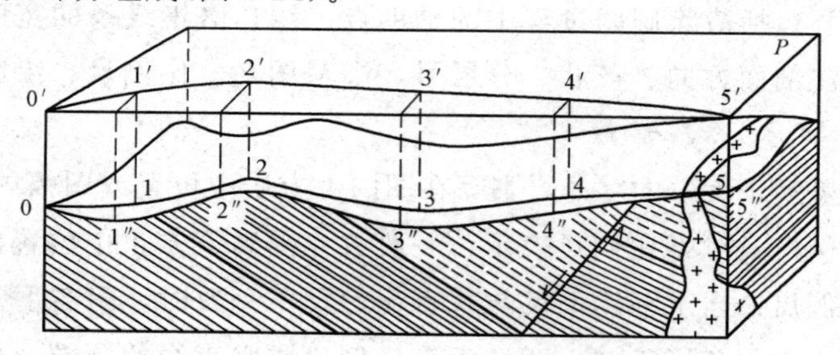

图 4-23　投影法作剖面图立体示意图

图中：P——水平面；

0、1、2、3、4、5——沿地面实测时的各导线点；

0′、1′、2′、3′、4′、5′——地面实测时各导线点在水平面上的投影；

0′、5′——选定的剖面总方向线；

1″、2″、3″、4″、5″——按剖面总方向线所反映的地质剖面。

4.2.7.5　实测剖面图的绘制步骤

实测地质剖面图的绘制一般按以下步骤进行：

(1)将剖面线与各地层界线和断层线的交点，按水平比例尺铅直投影到水平轴上，再将各界线投影点铅直定位在地形剖面图的剖面线上。如有覆盖层，下伏基岩的地层界线也应按比例标在地形剖面图上的相应位置。

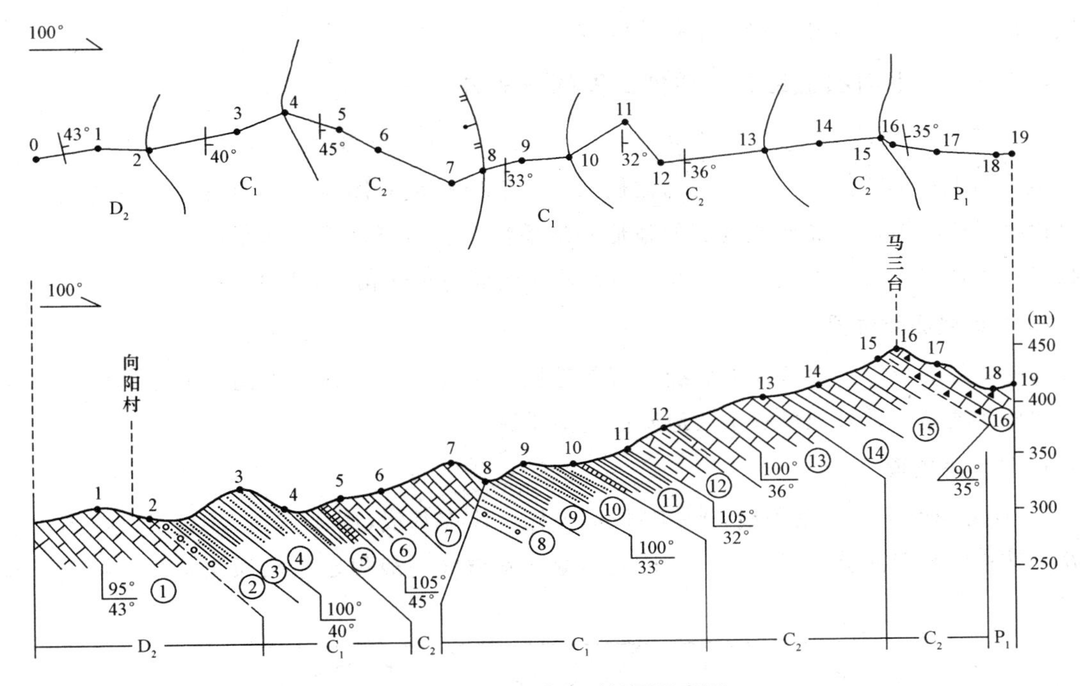

图 4-24 投影法实测剖面示意图

(2)按平面图所示产状换算各地层界线和断层线在剖面图上的视倾角。当剖面图垂直比例尺与水平比例尺相同时，按下式计算

$$\tan\beta=\tan\alpha\cdot\sin\theta \tag{4-7}$$

式中 β——垂直比例尺与水平比例尺相同时的视倾角；

α——平面图上的真倾角；

θ——剖面线与岩层走向线所夹锐角。

当垂直比例尺与水平比例尺不同时，还要按下式再换算：

$$\tan\beta'=n\tan\beta \tag{4-8}$$

式中 β'——垂直比例尺与水平比例尺不同时的视倾角；

n——垂直比例尺放大倍数。

(3)绘制地层界线和断层线。按视倾角的角度，并综合考虑地质构造形态，延伸地形剖面线上的各地层界线和断层线，并在下方标明其原始产状和视倾角。

(4)在各地层分界线内，按各套地层出露的岩性及厚度，根据统一规定的岩性花纹符号，画出各地层的岩层厚度和岩性花纹符号。

(5)修饰。在剖面图上用虚线将断层线延伸，并在延伸线上用箭头标出上、下盘运动方向。遇到褶曲时，用虚线按褶曲形态将各地层界线弯曲连接起来，以恢复原始褶曲形态。在作出的地质剖面上，还要写上图名、比例尺、剖面方向和各地层年代符号，绘出图例和图签，即成一幅完整的地质剖面图。在工程地质剖面图上还需画出岩石强风化与中风化的界线、地下水位线、节理产状、钻孔等内容。

4.2.7.6 平面图上绘制地质剖面图的一般方法

1. 选定比例尺

地质图上作地质剖面图所采用的比例尺，一般应与地质图相同，而且其水平比例尺与垂直比例尺应一致，才能反映真实的地形和地质情况。但当地形非常平缓时，为揭示其起伏状态，可适当放大垂直比例尺，此时所作地形剖面与实际相比有所夸大。

2. 选定剖面线位置

除特定目的外，一般选择剖面线位置的原则是大体上垂直地层走向，能通全区的主要地层和地质构造，较好地反映该区地质构造特征等。

3. 作地形剖面

(1)在方格纸上引一水平线(A—B)作横坐标，代表基线(图 4-25)。基线用以控制水平距离，其长度与图面上剖面线 A—B 长度相等，其方向一般规定左端为北或西、右端为南或东。

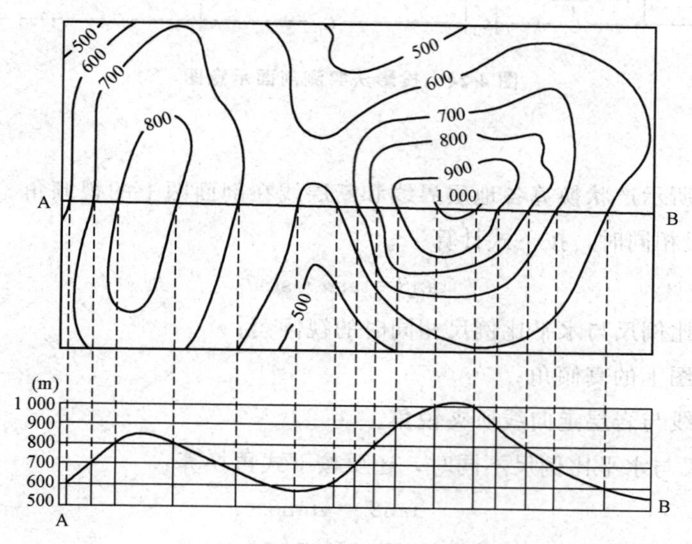

图 4-25 投影地形点并作地形轮廓线

(2)在基线一端或两端引垂线作纵坐标，用以控制地形的高度，按垂直比例尺标注高度，所标高度值范围应以满足剖面线所经过的最高和最低点的高程为原则。

(3)将基线(A—B)与图面上(剖面线 A—B)平行对准，将剖面线 A—B 与地形等高线的一系列交点，垂直投影到基线 A—B 上方相应高程的位置上，从而获得一系列的地形投影点，然后用圆滑曲线，逐点依次连接而成剖面图的地形轮廓线，并在其上方相应位置标注地物名称(山峰、河流、村庄等)，则成为地形剖面图。

(4)将地质点(如地层界线点、断层点、岩体界线点、不整合接触的界线点等)投影至地形轮廓线上，并画出各地质界面的位置(图 4-26)。

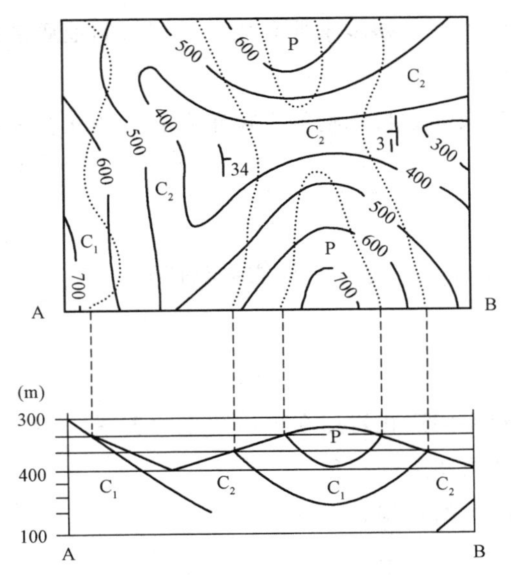

图 4-26　投影地质点并作地质界面

(5)绘制剖面中的地质构造。利用地层的新老关系及地层对称式重复出露情况，并考虑褶皱转折端形态及地层产状等，将同时代地层用圆滑线条连成褶皱(有时为了直观，可用虚线表示出地表以上的褶皱形态)。

断层一般用红色实线(有时用黑粗实线)表示，根据断层性质标注两盘动向及地质界面的错动情况。

不整合接触界面时的标注应注意其上、下地层产状与界面的关系，其上覆地层应与不整合界面平行，而下伏地层则与不整合界面呈角度相交。

第四系是松散沉积物，应画在上伏基岩之上，且一般不能被断层所穿越。标注火成岩和矿体时，应注意其形态与规模。

(6)填注岩性花纹并整饰成图。用规定符号和花纹，按产状将剖面图中各时代地层的岩性、时代，接触关系和岩体岩性等标注在图内；然后，在规定的位置标注图名、比例尺、剖面方向、作图日期、作图者姓名等；最后整饰成准确、美观的地质剖画图。

4.3 地质读图实验

4.3.1 实验目的

(1)掌握地层规律，了解地层柱状图的内容和意义，学习绘制地层柱状图。

(2)学习地质图的基本知识，初步掌握阅读地质图的方法。

(3)了解地质剖面图的内容，初步掌握利用地质图绘制地质剖面图的方法。

(4)了解地质罗盘的结构。

(5)学会使用地质罗盘来测量目标物的方位角和岩层产状要素，并掌握记录方法。

4.3.2 实验用品

毫米纸、直尺、铅笔、小刀、橡皮、地质罗盘仪等。

4.3.3 实验过程

(1)岩层产状的求法及不同产状岩层在地质图上的表现。

(2)岩层接触关系在地质图上的表现。

(3)褶皱构造在地质图上的表现。

(4)断裂构造在地质图上的表现。

(5)确定图 4-27 中水平岩层的厚度。

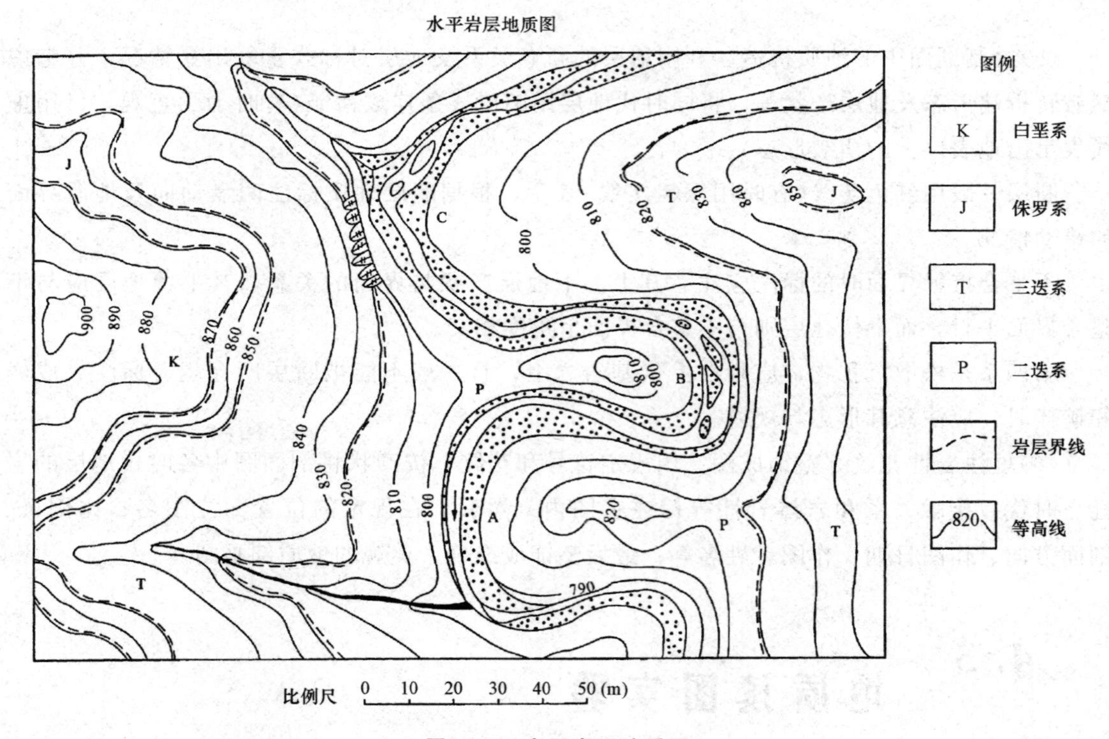

图 4-27　水平岩层地质图

(6)确定图 4-28 中岩层的产状，绘制图 4-28 中 A—A′剖面图。

(7)分析图 4-29 中各褶皱的类型并说明理由。

(8)分析图 4-30 中各断层的类型、产状及形成的大致时代，并说明理由。

(9)分析图 4-27～图 4-30 中出露了哪些时代的地层，指出不整合接触关系并说明理由。

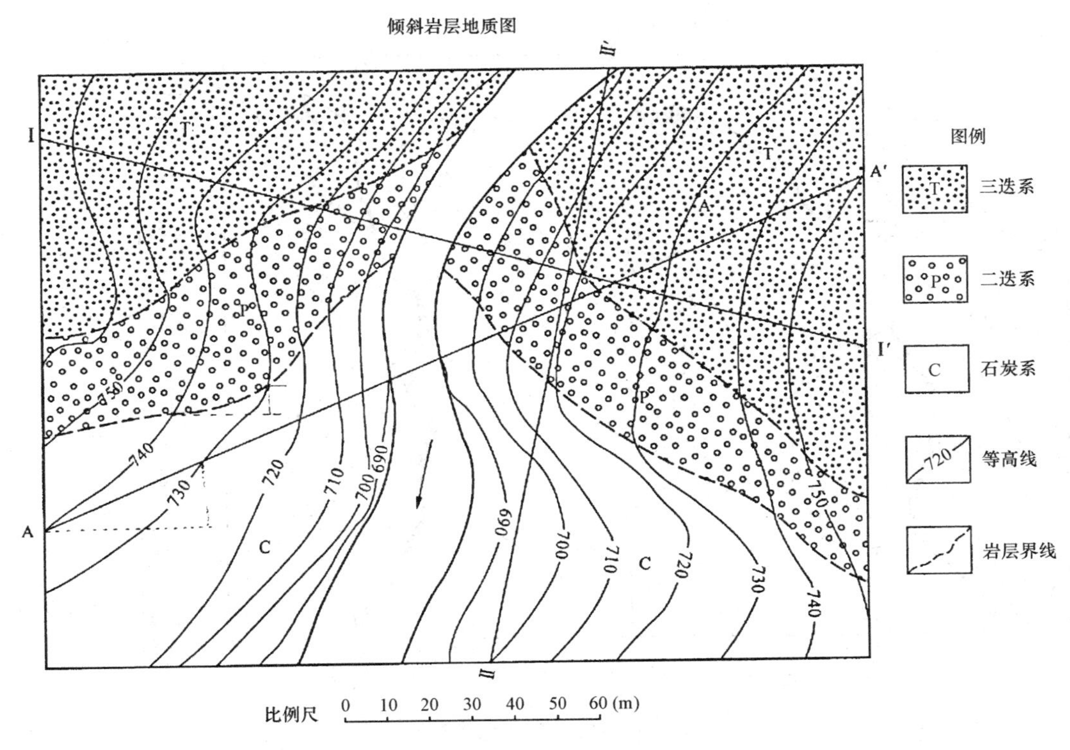

图 4-28 倾斜岩层地质图

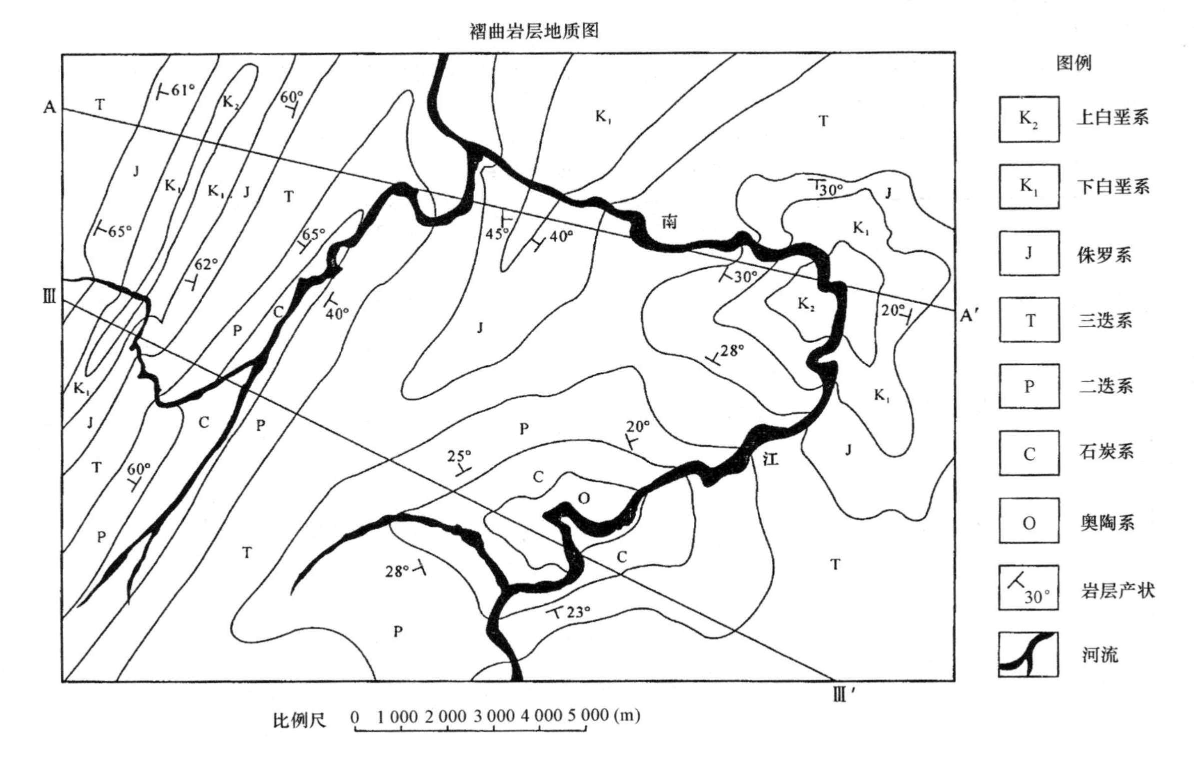

图 4-29 褶曲岩层地质图

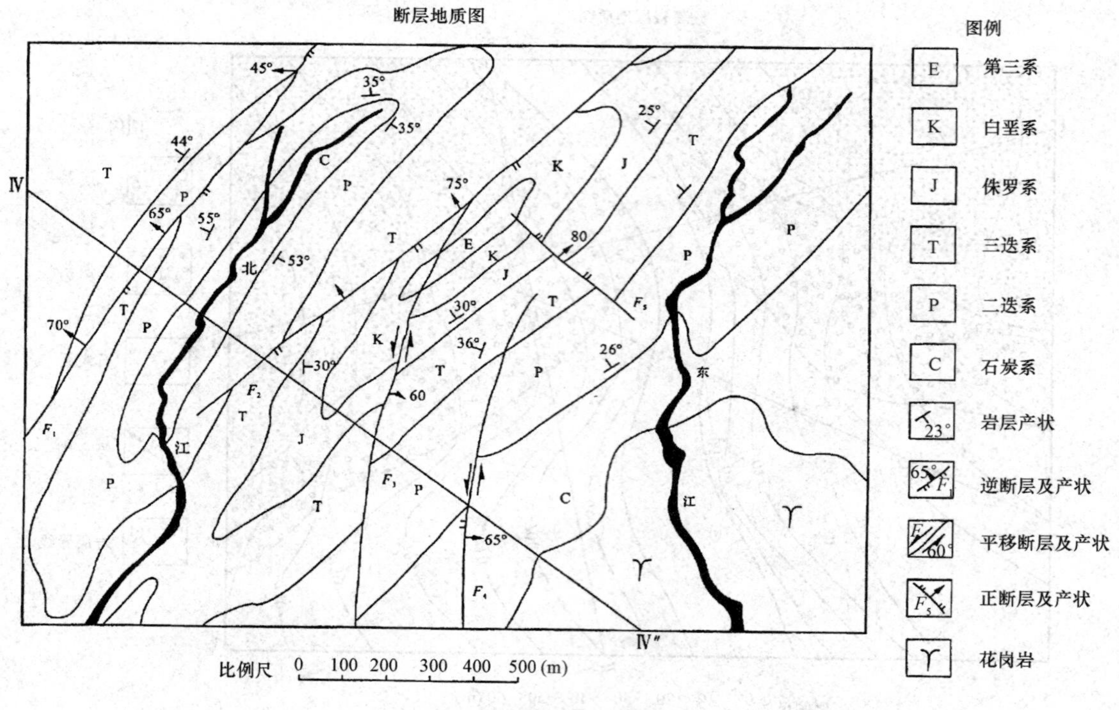

图 4-30　断层地质图

4.3.4 实验报告

学习地质读图基本知识，学会观察不同类型地质图及地质剖面图的绘制，并将实验结果填入表 4-4 的实验报告中。

表 4-4　地质读图实验报告

课程名称		姓名	
实验名称		学号	
任课教师		专业	
实验教师		班级	
实验日期		成绩	
实验目的			
实验用品			

复习思考题

1. 简述倾斜岩层的产状特点，它在地质图上的界线如何受地形影响？

2. 岩层接触关系有哪几种？角度不整合与平行不整合有何差异？

3. 背斜和向斜的本质区别是什么？

4. 简述倾斜褶皱与倒转褶皱、穹隆与构造盆地的差异。

5. 正断层、逆断层、平移断层造成的岩层错断有什么特征？如何区别它们？

6. 阶梯状断层与叠瓦状断层、地堑与地垒有何差异？

7. 如何确定褶皱、断层的形成时代？

8. 地壳运动及地质构造的定义是什么？

9. 地层间接触关系的类型及定义有哪些？在地质图上怎样判别地层新老关系和接触关系？

10. 岩层、岩层产状及要素的定义是什么？怎样记录和图示岩层产状？

11. 褶皱的定义、分类及分类依据是什么？在地质图上怎样判别褶皱的主要类型？

12. 节理的定义和主要类型有哪些？节理调查的内容有哪些？

参考文献

[1] 张燕．金属矿产地质学[M]．北京：冶金工业出版社，2011.

[2] 崔中兴．水利工程地质学习与实践[M]．西安：西北工业大学出版社，2003.

[3] 何保．煤矿地质学[M]．沈阳：东北大学出版社，2013.

[4] 张荫，宋战平，卢俊龙．工程地质学[M]．北京：冶金工业出版社，2013.

[5] 何培玲，张婷，邓友生，等．工程地质[M]．北京：北京大学出版社，2006.

[6] 汪新文，地球科学概论[M]．2 版．北京：地质出版社，2014.

[7] 杨坤光，袁晏明．地质学基础[M]．北京：中国地质大学出版社，2009.

[8] 孙家齐．工程地质[M]．2 版．武汉：武汉理工大学出版社，2003.

[9] 李隽蓬，谢强．土木工程地质[M]．2 版．成都：西南交通大学出版社，2009.

[10] 陈文昭，陈振富，胡萍．土木工程地质[M]．北京：北京大学出版社，2013.

[11] 倪宏革，时向东．工程地质[M]．北京：北京大学出版社，2009.

[12] 任国林，等，译．工程地质编图指南[M]．北京：地质出版社，1989.

[13] 夏邦栋，刘寿和．地质学概论[M]．北京：高等教育出版社，1992.

[14] 张德栋，陈继福．煤矿实用地质[M]．北京：化学工业出版社，2007.

[15] 肖玲．地理学实践教程[M]．北京：科学出版社，2009.

[16] 姜尧发．工程地质[M]．北京：科学出版社，2008.

[17] 周强．自然地理学野外实习原理、方法与实践[M]．西宁：青海人民出版社，2005.

[18] 刘素楠，钟启龙．宁都青塘地质实习教程[M]．北京：地质出版社，2014.

[19] 张荫，宋战平，卢俊龙．工程地质学[M]．北京：冶金工业出版社，2013.

[20] 苏生瑞．教学实习教程[M]．北京：地质出版社，2010.

[21] 徐开礼，朱志澄．构造地质学[M]．北京：地质出版社，1989.